プレアデス星訪問記

上平剛史
Tsuyoshi Kamitai

たま出版

刊行に寄せて

微に入り細に入る教訓的宇宙オデッセイ

韮澤潤一郎（ＵＦＯ研究家）

以前、遺伝子構造の研究でノーベル化学賞を受賞したアメリカ人が、自分の伝記の中で、理論のヒラメキを受けたのが、地球外知的生命体との遭遇だったことを述べたことがある。それは、ある夏の暑い夜、別荘の外で彼はかわいいアライグマに出会ったという。ところがそのとき、自分の名前を言われて挨拶をされたというのだ。ＥＴはその科学者を驚かせないように、姿を変えていたらしい。

本書の著者（上平氏）も、郷里のお宮の前で、奇妙な狐から挨拶をされ、宇宙の構造について書かれたメモを受取ったという。それはきっと宇宙太子、つまり進化した地球外知的生命体の使者だったのである。

このような体験者は近年増加しているといわれているが、本書ほど詳しく述べられた内容はめずらしい。事件として「どこそこで、何があった」程度の報告は多いが、宇宙船内のテーブル上に出現する健康飲料のような飲み物が、どのようにして出てくるか、具体的かつ科学的な説明まで記した書は初めてだ。全体的に、それは写実的リアルさで迫ってくる、奇想天外な出来事の連続であり、読む人にぐいぐいと感動を伝えてくる、近頃には珍しい新鮮な本物の体験記であると思う。

ビジョンによる遭遇体験の記述は、概して抽象的になりがちだが、本書は非常に分かりやすく書かれており、しかも、理論的で、科学的で、教訓的でさえある。特に近年、地球的な変動期を迎え、経済危機が現実のものとなってきている現在、われわれ人類がどのような方向に希望を見出し得るかを、宇宙太子は必至に著者に語りかけている様子がうかがわれる。また、そのような使命をもとに、実体験を表現しているのであろう。

特に、地球人の『心のあり方、生き方、社会のあり方、とりわけ貨幣経済のあり方』について警鐘を鳴らす、地球人類の存亡に関わる注目の書でもある。何か人類に示唆を与えて止まない所のある、不思議な力を持った体験記である。

もちろんこのような体験の背後には、その人の人生がたぶんに反映されて結実されてくるものだが、前著作にその辺は詳しく、なるほどと感じさせる貴重な経緯がしのばれる。又、前著において、アメリカ経済の破綻と世界恐慌を見事に予言されており、それは今の世に必要があって宇宙太子が降り、知らせたのだ。

だれしも、ある時の夢で宇宙をさまよったこともあるだろうが、本書によってしばし宇宙旅行を楽しまれることをおすすめする。そうすると思わぬ考え方に出会い、驚かれることだろう。それはこの窮地に直面する現代の思いもかけない希望の光かもしれないからである。

目次

第1章

UFOに招かれる

宇宙太子《エンバー》との再会

それは、私が故郷である岩手県に住んでいた十六才のときのことである。

天気の良いある休日、秋の山の恵みを得るため、野馬頭山《のばかしらやま》までひとりで出かけた。朝五時頃に家を出ると、歩くにつれて秋の山は上から少しずつ色づき、美しさを増してきた。

野馬頭山に着くと、さっそく右手に鎌を持ち、栗林へ入った。面白いほど落ちていた栗を拾い、頂上付近を捜し歩いて野木瓜《あけび》と山葡萄《やまぶどう》を見つけ、籠はいっぱいになった。

そのとき、日影の具合から推測すると十一時頃だったと思うが、私は水筒の水を沢水と入れ替えるため、山の斜面の細い道を下っていった。杉の大木の根元から、冷たい水がこんこんと湧き出ていた。すくって飲んでみると、咽と体全体に染み渡るほどに美味しく感じられた。

そのまま私は、木陰で早めの昼食をとった。母が作ってくれた味噌焼おにぎりと、籠の中のよく熟した野木瓜と山葡萄を食べた。野木瓜はとても甘く、山葡萄は酸っぱいものの、食後の果実としては格別だった。最後に、水筒の水で口の中を洗うとさっぱりした。私は山の頂上へ行き、四方を眺め回し、大きな声で「オーイ、オーイ」と叫んだ。とても気分が良かった。自然との一体感が感じられた。

この日は朝が早かったので、疲れたのか、急に眠気に襲われたので、私は草むらに横になった。青空を見つめていると吸い込まれるような気分になる。半分眠って半分起きているような、そんな感覚になった。

すると、突然、青空にピカッと光るものを感じた。それは美しい天使だった。だんだん地上へ降りてくると、地上から五、六十メートルのところでいったん静止した。そして、天使は私に語りかけたのである。

「剛史、よく来たね。剛史がここへ来るのを待っていたのですよ。これから素晴らしい世界、夢のような現実の世界に案内してあげますから、この体験をじっくり味わって、地球人類のために役立ててください」

そのまま彼の姿はかき消えた、と思うまもなく、今度は上空で宇宙船が陽光を浴びてキラキラと輝きながら、どんどん私のほうへ近づいて来た。すると、急に私の頭の中に宇宙太子《エンバー》からのメッセージが入ってきたのである。私にとっては十四歳の時に遭遇して以来の、懐かしい声であった。

私はそれまで、宇宙太子には二度遭遇していた。最初の出遭いは、九歳の時、御家《おや》倉山《くらやま》に登ったときである。そして二度目は、十四歳のとき。五月の天気の良い日、野《の》張山《ばりやま》の頂上で出遭ったのだった。

宇宙太子が言った。

「剛史、しばらくだったね。今すぐそこへ行きますから、そのまま横になっていなさい」

地上百メートルほどで宇宙船は滞空し、グリーンの光の帯が降りてきた。私は半分眠った状態のままその光に包まれ、上昇していった。そのまま、私は光に引っ張り上げられ、スーッと宇宙船の中に入ってしまった。気がつくと、ソファーの上に寝ていた。

「いらっしゃい」

穏やかで威厳のある顔の宇宙太子が出迎えてくれた。彼の右隣に、ハンサムボーイのスターツ、左隣に丸ぽちゃのローズ、その隣に痩せ形のリリーが並んで、みんな笑顔で「いらっしゃい」と出迎えてくれた。

「あれれ？　僕はいったいどうしたんだろう」

ソファーから起き上がった私に、宇宙太子が言った。

「剛史が草むらで半分眠った状態でいるところを、特殊な光に乗せて、宇宙船まで移動させたのです」

「地上に浮いていく感じを受けました。でも、宇宙船に入る瞬間は何も覚えていません。気がついたら、ソファーの上にいるなんて」

「それは剛史の脳に意識が少しだけある状態で、特殊な光に乗せて移動させたからです。宇宙船に入るときは、特殊な光を出す筒の中からポンと台の上に乗せられるようになっています。台の上に乗ると、気圧調整や波動による消毒がなされ、消毒が完璧になるとランプが点き、ブザーが鳴って知らせてくれます。特殊な波動により、剛史は眠らされたままでそれを受けているのでわからないのです。剛史が眠っているあいだに、我々が着物を着替えさせ、このソファーへ運んだのですよ」

あらためて自分の服装を確認すると、たしかに彼らと同じ宇宙服に変わっていた。

「あれ、いつのまに？　これはまいったな」

「今日はこれから、剛史を我々の母船に招待しましょう」

「僕の服や籠や道具はどうなったんですか」

「心配しなくていいですよ。保管室の中にちゃんと保管してありますよ。さあ、こっちへどうぞ」

宇宙太子は私を別室へ案内し、保管してあるそれらを確認させた。

「ああ、よかった。どうもありがとう」

安心してリラックスすると、さっきの光に対する疑問が浮かんできた。

「地球の光は、暗いところを明るくする照明として使われますけど、宇宙太子の星の光は、人間のような生命体とか、重さのある物体を移動させられるのですね。いったいどうなっているのですか」

「それは、説明してもわからないでしょう。地球の科学は基本的なことの解明がとても遅れていて、大きな誤りがあるからです。剛史がわからないだけでなく、日本でいちばん頭がいいと言われている人物、地球人類で最高の頭脳と言われている人間でも、現在の地球のレベルではわからないでしょう。むしろ、地球で偉大と言われる頭脳であるがゆえに、先入観が先に立ち、理解できないのです。我々の宇宙科学は波動と光の科学であると言っても過言ではないでしょう。物質世界と非物質世界を徹底的に解明し、これ以上できないレベルまで細分化しました。そして、波動と光の科学を駆使し、元の原子、分子に科学の力を加え、新たな物質を創り、物質を自由にコントロールするところまで科学を進めたのです。簡単な例で言えば、地球人類は『真空は無だ』と思っているようですが、そうではありません。透明なガラス容器を限りなく真空にし、それに光を当てると光は透過します。光が透過するということは、そこに光が存在するということです。無ではなく、何らかの物が存在するという証明なのです。したがって、宇宙空間は限りなく宇宙エネルギーのつまった空間であり、無ではありません。

『空間は星の重力により歪められ、光は屈折する』ということは、剛史も学校で習ったでしょう。地球が所属する太陽系を見てもわかる通り、太陽、すなわち恒星に地球のような惑星が何個か所属して運行し、その恒星が集団を作り、天の川銀河系を構成して反時計廻りに渦を巻いています。その銀河系は、地球人類の数字でいうと千億以上存在しています。また、地球人類がとらえている銀河系集団の外には、地球人類が気づかない、それと同じような成り立ちの別の宇宙も存在しています。地球人類が把握している宇宙と、把握できずにいる外の宇宙の間は、光も届かない漆黒の闇で『ダークマター』と呼ばれています。ダークマターを含むのが宇宙ですから、宇宙の九十何パーセントはそのダークマターで占められているということになるわけです。では、宇宙空間の九十何パーセントが暗黒の闇だから無か、と言えば、そうではないのです。我々の科学は地球人類よりも進んでいますが、我々が宇宙のすべてを解明できているわけではありません。宇宙のほとんどは謎のままです。でも、宇宙のおよその仕組み、成り立ちについては、地球人類よりは我々のほうが進んでいるでしょう。

さっきの光がどうして重い物体を持ち上げられるのかも説明しましょう。あのグリーンの特殊な光は、物体を無重力化する働きをしています。無重力化した物体が浮いたところを引き上げ、宇宙船に誘導し、誘客室の台の上にポンと出現させる仕組みになっているのです」

「だいたいわかったような気がします」

「剛史とは前に母船への招待を約束しましたね。それだけでなく、我々の母星や別の星の世界をぜひ剛史に体験させたいと思っていました。今回は、剛史に体験してもらうために来た、と言ったほうが正しいのかもしれませんね」

「体験したいのはやまやまですが、宇宙船で事故は起きないのですか」

「正直に言えば、宇宙船にも事故はあります。でも、それは地球人類の飛行機事故に比べたら比較にならないほど低い確率です。それに、我々の宇宙船は自らを完全にチェックするシステムと完全自己補修、自己再生機能が備わっているので、安心して乗っていられますよ。ただ、宇宙には予想外の突発的なことも起きます。過去にはそういう出来事に遭い、宇宙船が一瞬のうちに木っ端微塵に吹き飛んだこともあります。でも、現在の宇宙船は危険を未然に察知するシステムが備わっていますし、また危険から宇宙船を護るためのフォースフィールド（力の場）を張って自らを保護していますから、九九・九九九九九パーセント、ほぼ百パーセントに近い安全の保証ができるでしょう。地球の飛行機に乗るのを考えれば、何十倍も何百倍も安心して乗っていられますよ。さあ、剛史がよければ、時間をムダにしたくないので、これから母船へ向かって出発しますね」

「不安ですけど、宇宙の冒険をしてみたいという気持ちのほうが強いですね。一生にあるかないかですから、ぜひ、宇宙旅行の体験をさせてください」

「わかりました。さあ、行きましょう」

宇宙太子は宇宙船の操縦室に案内してくれた。自分は操縦席に座り、私を左の補助席に座らせた。

「出発しますよ。よく画面を見ていてくださいよ」

葉巻型巨大宇宙船へ

宇宙太子は宇宙船に命令を与えているようであった。まもなく、側面の画面に宇宙船の現在の位置が示され、続いて宇宙地図のようなものが現れた。そこには母船の位置が示されており、宇宙船から母船まで赤い点が延びて止まった。正面の画面には野馬頭の山が見えていたが、だんだん景色が広く見え、それは連なる山並みへと変わった。さらに上空へいくにつれて、平面に見えた地球の景色が丸みを帯び、ついには球体の地球が見えて、その地球が急速に小さくなっていった。やがて、母船らしき葉巻型の宇宙船が映し出された。その巨大さに私はただ驚くばかりだった。

「葉巻型母船は長さ四キロメートル以上で、太さはいちばん太いところで直径七、八百メートル以上あります。さあ、もう着きましたよ。これから母船に入ります」

宇宙船は母船の周囲を何度か回ったあと、後尾へ回り、下のほうからスーッと中へ入り込んだ。艦内には小型宇宙船が乗るための受け皿のような構造物があり、私達の宇宙船がそれに乗ると、ピタリとはまって固定された。ここはプラットホームとして使われているようだった。宇宙太子の命令で宇宙船のドアが開き、タラップが降ろされると、宇宙太子を先頭に、私、ローズ、リリー、スターツの順にプラットホームへ下り立った。

「プラットホーム内に、母船の中を自由に行動するための自走機があります。これから、それに乗って会見室まで行き、母船の船長《シーサ》に剛史を紹介しますね」

自走機に向かって歩くと、私達が乗ってきた宇宙船が受け皿に乗ったまま、すべるようにどこかへ走って行った。聞けば、小型宇宙船の駐機場に向かっているらしい。見たければあとでそれを見せてくれるという。

自走機は小（三人乗り）・中（六人乗り）・大（十二人乗り）とあり、我々は中の自走機に乗り込んだ。宇宙太子が説明した。

「この母船はひとつの都市機能を持っており、ありとあらゆるものが備わっています。生き物のような船であると言っても過言ではないでしょう」

なんと、これでも中規模程度の母船らしい。十キロメートル、二十キロメートル、さらにそれ以上の大きさの、地球人類には想像もできないほどの巨大な母船も存在するという。この母船では縦横およそ五十メートルおきに道路が設けられ、階層はもっとも層の厚いところで四十～五十層になっているそうである。母船の中に公園や山河まであるらしい。この母船で生まれ、育ち、一生を過ごす者もいるそうである。

宇宙人にはそれぞれ母星があるが、母船には母星の都市機能が備わっており、母星の社会がそのまま存在している。母船が惑星としての役目を果たすため、母船が故郷となる者もいて、そういった者はある意味で、母星で暮らしている人間よりも精神的に進化しているらしい。彼らは「自分達は○○星人」という枠を越えた、本当の意味での宇宙人である。「スペースマンとして生まれ変わっているし、これからも生きて行くのだ」という自負を持って、母船での生活に誇りを持って生きている。

「それぞれの母船にはそれぞれの役割があります。また、大きさや型によって、何十年型、何百年型、何千年型と航行耐用年数があります。宇宙船はほとんど自己補修型、自己再生型に造られていますが、母船の種類によって半年、一年、二年、三年、五年おきに母星に必ず帰港し、保守点検や大きな改良、補修などを行うことが義務づけられています。このときに船長や機長から報告がなされ、次の目的の提示と指示が密接になされます。地球人類がさまざまな分野で改良、開発を行っていくように、我々の宇宙科学もまた進歩、発展するために改良、開発がなされるわけです。五年、十年前の宇宙船ともなると、とても古い型になってしまうため、定期的に母星に帰港して改良や補修を加えるのです。その間、母船の住民は母星の旅行や好きなことをして楽しみます。

　地球人類と同じように、仕事上の役割による人事異動もあります。我々の社会においては何事にも強制労働はなく、社会の基本は飽くまでも『愛の奉仕行動』によってなされていますから、異動というより、『希望による交代』と申し上げたほうが合っているかもしれません。母船の住民が母星で生活したい場合も、母星の住民が母船で生活したい場合も、自由に認められます。次に誰が降り、誰が交代になるかも、母船と母星の間で絶えず連絡が交わされていますから、人事異動はスムーズで問題は起きません。母船が何百回、何千回、何万回も宇宙を安全に航行しても、母星に安心して戻れなければ宇宙船として使い物になりませんし、命の保証ができなければ誰も乗りません。その感覚は地球人類と同じでしょう。我々の宇宙科学による宇宙船は、安全、安心を基本に作られているのです。ですから、安心して乗っていてください」

　通路は自走機が通る部分と、人が歩行で歩く部分に区分されていた。宇宙太子のようなプレアデス星人の他にも、さまざまなタイプの人種が歩道を歩くのを見たが、その種類の多さには驚かされた。さらに、彼らの顔や姿がよく見えるのは艦内が明るいからなのだが、照明器具、つまり光源が見当たらないのだった。

宇宙太子が私の心を読んだようで、私が質問するよりも先に答えた。

「地球人類のように、光源となる電球を必要とするシステムは我々の社会にないのです。我々の先祖も初期には電気設備を利用していたようですが、それは電気の利用法として非常に効率がよくないものでした。また、電気を起こすまでの段階で環境破壊が伴うので、やがて廃《すた》れていきました。そのかわりに、宇宙空間から無尽蔵に得られる宇宙エネルギーの利用が開発されたのです。我々の照明は電球を必要とせず、壁そのものが発光するようにして、物質を効率よく利用しているのです。

ちなみに、日常生活や社会で必要な物は完全にリサイクルされていて、完全利用のシステムが構築されています。そのため、我々の社会では、必要な物を必要以上に取る者は誰もいません。『必要な物を、必要な人が、必要なときに、必要な分だけ受けられる社会』『誰もが平等に平和に暮らせる社会』が何百万年も何千万年も何億年も前から確立されているのです。

この母船には我々プレアデス星人だけでなく、さまざまな星人が協力のために同乗しています。地球人類がグレイと呼んでいる宇宙人もいます。もっとも、グレイは我々が、遺伝子工学、バイオ化学、宇宙科学を駆使して造ったロボットでしたが、今では宇宙や特定の星の調査など、さまざまな分野で活躍しています。他にも爬虫類、鳥類、魚類、昆虫、植物などの生態から進化した人間もいます。ここで私が人間と説明しているのは、知恵を持ち、道具を利用し、社会生活を営んでいる知的生命体を意味しますが、この大宇宙には進化した生命の存在する星がたくさんあるのです。人間は地球人やプレアデス星人だけではないのですよ。剛史はさまざまなタイプの人間に驚いているようですが、じきに慣れるでしょう」

「この母船は何人くらいまで収容できるのですか。現在は何人が滞在して生活しているのですか」

「最大収容能力は五千人ですが、現在は四千人くらいでしょう。ただ乗せるだけなら ば一万人は乗せられるでしょうが、常時生活して長く滞在するとなると、五千人が限度です。食料やその他の問題がありますからね。この母船には、ここで生まれた子供達を教育する係もちゃんといるのですよ。子供達が大きくなれば、母星の学校や他の進んだ星へ留学する場合もあります」

母船の船長《シーサ》からの依頼

自走機は中央の広い道路を走り、話しているうちにあっと言う間に終着点のホームへ着いてしまった。そこではじめて、自走機が床から二十センチメートルくらいを浮いて走っていたことに気がついた。

さらにそこから上の階層に登るのだが、「宇宙のパノラマを眺めながら登りましょう」ということになった。自走機はいちばん右側の通路まで走り、そこで全員がホームへ降りた。そして、地球の「ビルのエレベーターのようなもの」に乗ったが、動く仕掛けは地球人類のエレベーターとはまったく違う。重りも釣り下げるワイヤーもなく、磁気を応用して無重力化させて動いているという。スー、スー、スーッと上に上昇しながら、素晴らしい星のパノラマが見えた。

最上階に着くとエレベーターを降り、ふたたび自走機に乗り、会見室である展望室へ向かった。展望室は何部屋かあったが、中央の部屋の前で自走機が止まった。全員が降りて、宇宙太子が感知装置のような物に手をかざすと、ドアがスーッと開いた。中にはテーブルがあり、中央の椅子に母船の船長《シーサ》が威厳のある顔で座っていた。彼は笑顔で我々を迎えてくれた。

「剛史、我々の母船へようこそ。君がここへ来る日を私はずっと待っていたのですよ。さあいらっしゃい、どうぞ椅子におかけなさい」

「地球の剛史です。宇宙太子のお招きにより、母船に来ることになりました」

「剛史をここへ呼んだのは私なのです。君の運勢が我々には必要だったし、暗記力のある鋭い頭ではなく、剛史のように鈍く、耐久力のある頭が必要だったのです。どんなことにも耐えられる精神力と、奇想天外な想像力です。今回は剛史にいろいろと体験してもらいますが、一度それを完全に忘れて、もう一度少しずつ思い出してもらうという、実に気の長い実験をするのです。これから母船や母星、他の星を訪ねて、それを地球人類の社会に、地球人類の進化のために役立ててください。地球人類は自らの手によって滅亡して宇宙から消え去るか、それとも進化を遂げて我々のような宇宙連合の仲間に加わるか、という岐路に立っています。

剛史はとても重要な役目を担っています。地球人類は今の社会体制を続けていく限り、滅亡は免れないでしょう。

地球人類の諸悪の根源とは、『貨幣制度』を社会の基礎に導入していることにあるのですが、まだ誰ひとり気がついていません。地球人類がもっともありがたがっている貨幣にこそ、人類を滅亡させる原因が隠されているのです。貨幣経済は人間に限りない欲望を募らせ、競争、格差、差別社会を生み出しています。物質欲のエゴをむきだしにして争い、地球の資源を枯渇させ、公害となる汚染物質をたれ流し、溜めこんでは環境破壊を繰り返しています。これらは自然のサイクルを狂わせ、今や地球を瀕死の状態に追い込んでいるのです。その根本的な原因が貨幣経済にあるのですが、学者や政治家も、誰ひとり何もわかっていません。『自分さえよければいい』『今さえよければいい』の刹那的エゴの心に阻まれ、改めようとする者がいないのが地球人類の現状なのです。

我々、プレアデス星人の社会に貨幣経済は存在しません。貨幣がなくても、必要な物はすべての人に平等に行き渡ります。我々の社会の基本にあるのは『愛の奉仕行動』であり、『全体をよくすることによって、自分も幸せになる』という考えです。地球人類のように、『自分さえよければいい』というエゴの心を持った人間はひとりもいません。もちろん、我々の社会にもプライベートはありますよ。でも、それさえも社会全体を先に考えます。剛史からすれば、それでは自由がないのではないかと思うかもしれませんが、そうではないのです。社会全体を先に考えた自由とは、人に迷惑をかけない自由です。その結果として、エゴの育たない、レベルの高い自由社会が醸成されていくわけです。すべての人が幸せで犯罪のない社会が形成されるので、『誰もが平等に平和に暮らせる社会』が自然に確立され、『真の幸福が得られる平和な社会』が構築されるのです。

我々の社会にも、地球人類と同じように男女の恋愛があります。人それぞれ、好きなタイプ、嫌いなタイプなどの好みもありますからね。でも、どんな場合においても人に害を与える人間は存在しません。男女間にあっては、ひとりの女性、あるいはひとりの男性に、複数の異性が好意を寄せている場合がありますが、対象の女性なり男性なりが誰かを選んだとわかれば、その時点で他の候補者達は二人の幸せを心から祝福します。地球人類のように相手を恨んだり、害を与えたり、レイプしたりといった行為は一切ありません。さっぱりとしたものです。自分とその相手との恋愛を神が望んでいなかったのだ、とはっきり自分で感じられますし、納得できるからです。高度に進化した星、生命体は、魂が高度の進化を遂げているため、相手に害を与える、恨むという感情は一切起こらず、つねに相手をいたわり、相手を祝福する感情しか湧いてきません。地球人類も『他人を愛する愛』に目覚め、魂から進化を遂げなければなりません。そうすれば、民族の争いや国家間の戦争もなくなるでしょう。地球人類はこの『他人を愛する愛』を高めなければ、『愛の奉仕行動を基本とする社会』に移行できませんし、『誰もが平等に平和に暮らせる社会』を構築できないでしょう。

地球人類は『肉体が死ねば終わりである。それ以外には何もない』と思っているようですが、そうではありません。人間の肉体を活かしているのは、幽体であり、霊体であり、魂なのです。人間の本体は霊魂なのです。人間の肉体は霊魂によって活かされていると知らなければなりません。魂があって初めて人間なのです。人間が高度に進化していくとは、肉体界から幽界へ、幽界から霊界へ、霊界から神界への進化を意味しています。自分の霊魂を浄化し、高め、魂を進化させていくのです。自分の魂のレベルを上げないと、人間社会のレベルも上がりません。

難しいことではありません。ひとりひとりが日常の生活において、『愛の奉仕行動』を少しずつでも実行することです。日常の中で、見返りを求めない愛の奉仕行動を積み重ねていくのです。それが社会に波及していけば、やがては社会運動となり、大きなうねりとともに世界中に伝播していくでしょう。まず、ひとりひとりが無心に実行することが必要です。学者も政治家も社長も社員も、上下に関係なく、社会のため、困っている人のために、ひとつでもふたつでも実行していくのです。

愛の奉仕行動を実行するのは私たちには簡単なことですが、地球人類にとってはとても難しいかもしれません。でも、これは必ず乗り越えなければならない大きなハードルです。乗り越えなければ、地球人類は『真の平和の扉』を開けないでしょう。その目覚めときっかけを作るために、剛史にここまで来てもらったのです。『人間は地球人類だけではない』、『大宇宙には進化した知的生命体が多種多様に存在している』という事実を知ってもらい、我々の母船や母星、宇宙の体験をしてもらい、それを地球人類の目覚めのために役立てていただきたいのです」

テレポーテーションが起きた

よどみなく話していた船長がひと息ついた。そこで私は聞いた。

「船長はどうして僕を知っているのですか」

「剛史が生まれたときから、我々は君に注目していたのです。いや、それ以前からかな。つまり、剛史の魂が修行をしてきた過程を全部知っている、と言ったほうが正しいのかもしれませんね」

「それはどういうことでしょうか、よく理解できませんが」

「剛史はすでに知っているのですよ。以前会ったとき、宇宙太子から地球の一部の過去や未来を見せてもらったことがあるでしょう。それと同じく、我々は個人の過去や未来を見られるのです。もちろん、それはいつでも自由に見ていいというわけではなく、社会的、宇宙的、科学的に判断して、ぜひとも必要な場合にだけ、必要に応じて見るのを許されるのです。ですから、剛史も必要な場合には、自分自身を見られます。変な話だと思うかもしれませんが、もうひとりの自分にも会えます。地球人類の常識では信じられない話でしょうが、我々の科学力なら常識です。これは先ほどの『人間の体は肉体だけではない。人間の本体は霊体（魂）である』という真理に関係があります。ごく少数ですが、地球人類の中にも修行を積んだ人がいます。彼らは霊体を働かして、過去や未来へ自由に行けますが、我々はそれを科学的に分析し、霊体の性質を科学的に応用しました。その結果、いつでも必要なときに過去や未来へ行けるまでに発展したのです。光よりも早く飛べて、目的地へ短時間で行き来できるようになったのです。ところで、剛史は『どうして僕を知っているのですか』と聞きましたね。これに対する答えのヒントをこれからお見せしましょう」

展望室から満天の星空が見えていた。正面には大きな画面のパネルがあり、船長はそれに向かいあった運転席に座った。

「いいですか、画面をよく見ていてくださいよ」

彼は母船に何か命令を与えているようであった。やがて、画面に宇宙地図と思われるものが示された。そこに母船の現在地が示されると、赤い点がそこからスルスルと延びてある小さな星で止まった。その星の画像はだんだん拡大され、海や陸地が見えた。もっと拡大されると、ある山岳地帯が見えてきた。それは見覚えのある風景だった。楢山の村落だったのである。私の家が見えた。庭では母が洗濯物を干しており、『私』と弟二人、妹が庭で石とり遊びをしていた。裏庭では爺様と婆様が野菜の手入れをしている。

私は、あっと驚いた。これは俺の家の風景ではないか！　どうして、ここで見られるのだろう。もしかしてフィルムを回しているのかもしれない。

船長がすばやく私の思いを読み取った。

「剛史、これはフィルムを回しているのではないのですよ。我々の母船は小型宇宙船が行ったところなら、どこでも見られるようになっているのです。これからもっと面白いものをお見せしますよ」

船長はふたたび母船に命令を出した。画面が変わり、今度は『私』と、弟二人、妹が炬燵《こたつ》に入り、トランプをしているシーンが映し出された。これは間違いなく俺の家の中ではないか！　ババ抜きをやっていたときがそのまま映っている。いったいどういうことだろう。不可解な思いにさせられた私の心を、また船長が読み取った。

「建物の中まで観察できるのは、人の視力と思考を科学に応用して、そこに光と電磁波による波動科学を組み合せているからです。この場合は剛史の視力と思考を利用しています。剛史の思考が我々の科学設備の中に登録されているのです」

「思考が登録されているとはどういうことですか。僕には理解できません」

「それは剛史の頭脳が特別で、我々に必要だったからです。いつでも剛史の思考を母船のコンピューターや母星のヘッドコンピューターでキャッチできるようにしたのです」

「僕は勉強嫌いで出来の悪い学生ですから、何も得られませんよ」

「剛史はそう思っているようですが、我々には得難い頭脳ですよ。剛史を知ることで地球人類について相当わかってきましたからね。剛史の頭脳には奇想天外な想像力があって、その想像力にはかなり教えられた部分があります。我々の科学に応用したもののもあるのですよ。次にもっと面白いものをお見せしましょう。右と左の画面をよく見ていてください」

彼が母船に命令を出すと、右の画面には展望室の我々が、左の画面には別の部屋が映し出された。そこは船長室か、指令室のように見えた。それから、船長は私の見ている前で何やら精神を統一しはじめた。すると、突然、船長の姿が椅子から消えてしまったのである。まもなく、「剛史、こっちですよ」と船長の声が聞こえたので、声のする左の画面を見ると、にこやかな顔で座っているではないか。船長だけではない。宇宙太子、スターツ、リリー、ローズの顔もそこにある。私が後ろを振り返ってみると、そこには誰もいない。彼らは別の部屋に移ったのだ。

「これはテレポーテーションです。地球人類でも、修行を積んだ一部の人はできたようですね。要するに、自分の思考力だけで物質を瞬間移動させるわけですが、我々はこれも分析し、宇宙科学に応用したのです。このおかげで宇宙科学は飛躍的に発展を遂げ、光よりも早く宇宙船が飛べるようになりました。これは革命的な進歩だったんですよ。さて、またそちらへ行きましょうか」

船長が画面の向こうで精神を統一すると、姿がスーッと消えた。同時に、右の画面に展望室の椅子にニコヤカな顔で座っている姿が映った。ハッとして前を見れば、そこにはたしかに船長の姿がある。宇宙太子達も戻っていた。私はまるで狐につままれたような気分だった。

「これはマジックではないのですよ。肉体と霊魂が進化を遂げると、どんな人間でもふつうにできることです。思考力により物を創り出す、と言えばわかりやすいでしょうか。想像したことを実現させる力が人間にはあるわけです。だからこそ思考は重要です。思考は見えませんが、『一定の作用と力』を持っています。我々はそれを宇宙科学に応用したので、我々の宇宙船は操縦者の思考を読み取り、宇宙を自由に飛び回れます。まさに、感情を備えた生き物のようにです。そして、人間の思考に『一定の作用と力』があるということは、強く想像すればそれが実現化するわけで、まさに『宇宙とは想像により、創造されていくもの』という証明でしょう。強く思念を働かせれば物を生み出したり、テレポート（瞬間移動）したりも自由なのです。もっとも、人間の本体である霊体（魂）を進化させなければ、テレポーテーションは起こせないでしょうね。肉体を持ちながら、思念の世界である幽体や霊体を自由に動かすためには訓練を必要としますから。

自分の本体を働かせるとは、神我に目覚めることです。神我は本来、万能であり、誰にでも備わっているものです。自分の神我に会い、それを自分の意思どおりに使えれば、その人はまさに万能の人間になるでしょう。まさに神のようになるのです」

「神のようにですか。僕の神に対するイメージは『宇宙の始まりを創った力であり、宇宙を創造し、この世を生んだ存在である。だから、自分の隅々や宇宙のすべてに神を感じる』というものですね」

「なかなか、いいとらえかたをしていますね。それでは、これから神の力をお見せしましょう。今、何か欲しいものはないですか。何でもいいから言ってください」

「そうだなあ、冷たくて美味しい飲み物が欲しいです」

「そうですか、それはお安い御用ですよ」

船長はさっと空中に手をかざした。それから、「さあどうぞ」と言いながら、テーブルの上でウエイターがお客に料理をすすめるときのような仕草をした。すると、いつの間にか、薄いピンク色の液体が入ったワイングラスが出現した。それは全員の前に用意されていた。

「これは美味しい飲み物ですよ、どうぞ召し上がってください」

そう言うと、彼は自分から先にグラスを取り、一口飲んだ。

「うん、これは美味しい。さあ、みなさんもどうぞ」

私はあっけにとられながら、グラスを取り、一口飲んでみた。それは想像を越える美味しさで、体が生き返ったように思えるほどだった。全員がグラスを手にして飲んだ。

「これは手品ではありませんよ。私は人間の思考力がどれだけのものか見せたかったのです。私は今、私の思いを、私の思念の力によって物質化したのです。人間は想像により創造していくものであり、それは宇宙を創造した神の力が、我々人間にも宿っていることの証拠なのです。私は神の力の一部を示したわけです。正しくは『私を通して、神の力が働いた』と表現したほうがいいかもしれませんね」

「どうすれば神の力が働くのですか。それは僕にもできますか」

「先ほども話したように、自分の魂を進化させる必要があります。簡単に言えば、自分の心を一点の曇りもない、透徹した無欲の空にすることです。そこに神我を働かせれば世の中は思いのままとなります。自分の心を水晶のごとく純粋に透明化して、肉体を霊化するのです。すべての人間は神の分け御霊《みたま》ですから、霊体（魂）が自在に働くようになれば、人間はみな万能になるでしょう。地球人類はたんに霊的進化が遅れているだけなのです。一人ひとりのエゴの心を一掃して社会からエゴを排除し、『弱い者ほど助け、足りないものほど補ってやる』という『愛の奉仕行動を基本とする社会』を立ち上げなければなりません。それによって初めて地球人類全体の霊的進化が高まるでしょう。

我々は剛史に、その種を蒔くという働きをしてもらいたいのです。人間はみなそれぞれ個性があります。剛史には、剛史のいいところがあるのです。私にもないようないいところがあるのですよ。そのために我々は君を選んだのですから」

「僕に期待されても困ります。僕は何の取柄もない出来の悪い学生ですから」

「その何の取柄もないところに、いいところが隠されているのかもしれませんね。剛史から見たら、我々の科学は魔法や神のように思えるところがあるかもしれませんが、我々よりも進化した宇宙人は、この大宇宙にはたくさん存在していますよ」

「先ほど見せてもらった、神のような術《わざ》は毎日使っているのですか。あの様子なら、料理をする必要がないですね」

「いつも使うわけではありません。必要に応じてです。我々はできるだけ自然の物を食するように心掛けていますから、地球人類と同じように、自然の物をたくさん料理するのですよ。我々は地球人類よりもはるかに自然を愛し、大事にしています。そのことは、我々の星を訪問してもらえばいやがおうにも感じられるでしょう。地球人類は我々のそういう点を大いに見習う必要があると思います。地球人類は地球を破壊する一方です。人間の行いによって自然が失われ、このままでは近い将来、そのツケが確実に人間にふりかかって来ることは間違いありません。地球は泣いて、人間に怒っていますよ。そのことを地球人類はわかっていないのです。さあ、時間がないので操縦席へ行きましょう」

惑星化された母船内部

船長が操縦席に座り、私はうながされて左の補助席に座った。

「剛史、よく画面を見ていてください」

船長が母船に命令を与えると、宇宙図が現れ、母船の現在地が示された。続いて、美しいピンク色に輝く星に向かってスルスルと母船の赤い印が延びていった。見ている星に動きがあった。母船が動いているようだ。

「宇宙旅行には宇宙船が障害を受けないで飛べる空間のコースや、宇宙間ジャンプのできるコースがあります。我々はそれを宇宙の日と呼んでいます。母船にはその宇宙の目を自動的に捜し、航行する自動システムが備わっています。ですから、行き先を命令してセットすれば、あとは安心して乗っていられるのですよ」

画面から見える星の光はゆっくりと後ろに流れていたが、だんだんその速度が速くなった。やがて、正面の遠くにある星だけが一瞬、星と感じられるだけで、光の雨が猛烈な勢いで流れ続けていくようになった。やがてそれさえも見えなくなったので、不思議な気分になった。

「星の光も見えなくなったでしょう。宇宙ジャンプをして光よりも速く飛んでいるのです。これから何度か宇宙ジャンプをして、我々の母星へ到達します」

「光よりも速く飛んだら、宇宙船の表面が摩擦熱で損傷しないのですか」

「たぶん宇宙太子《エンバー》が前に説明していると思いますが、小型宇宙船も母船も、自分の母体を保護するために、波動の力で『力の場』、フォースフィールドを張っています。自分で自分の身を強力に保護しているので、摩擦熱による損傷は起こらないのです」

「ああそうでした。その話はたしかに宇宙太子から前に一度聞きました」

「一度聞いたことは、二度聞かないように心がけてくださいね」

「わかりました、これから気をつけます」

「それでは、宇宙太子から艦内を案内してもらってください」

私は船長に言われたとおりに宇宙太子に従い、自走機で艦内を案内してもらった。

艦内のどこを回っても、光源がないのに真昼のように明るい。壁全体から光が出ているようだが、影は映らなかった。小型宇宙船の駐機場、公園、スポーツクラブ、談話室、宇宙パノラマ室、図書室、レストラン、健康クラブ、プライベートルームなどを足早に回った。駐機場にはざっと数えただけで宇宙船が三十機以上あり、宇宙太子に聞くと、「全部で百機はあるでしょう」ということであった。ドーナツ型、釣り鐘型、芋虫型、透明ロケット型などさまざまな形があり、いちばん多いのはアダムスキー型だった。

公園は中央の中段上にあり、綺麗に整備されていた。樹木や草花が咲き乱れ、とてもいい芳香を放っている。植物の色合いはとても濃く、元気である。自然の中に小川が流れ、散策路やベンチがあった。歩くと心が癒される素晴らしい公園に作られていた。ここからさらに農場や百五十メートルほどの山岳に連なっており、まさに自然そのものが存在していた。

次にスポーツクラブを覗いた。宇宙人達は地球人類のように、究極まで自分の体に負担を強いるような激しいスポーツをしないのだという。リラックスして、あくまでも自分の健康のためにやっている様子がうかがえた。宇宙パノラマ室ではプレアデス星人が把握している全宇宙が見られ、宇宙の広さ、奥の深さを知らされた。図書室には地球人類だけでなく、ありとあらゆる星の図書があった。

「プレアデス星人は、現在では本を使いません。家にいながら世界中のことを見たり、知ったりできるからです。子供達が勉強するのにも本は使いません。年齢によって脳に知識を植えつけていくシステムがありますから、記憶装置を使ってどんどん知識を増やしていけます。子供達はやがて自分の得意分野へと進んでいき、個性を活かした社会奉仕へと向かっていくのですよ」

公園でもそうだったが、レストランにも、さまざまな星からさまざまな人種が集まっていた。「食事をとりましょう」と言われたので、宇宙太子にまかせた。何やら壁にボックスのような仕切がたくさんあり、そこに宇宙語の記号番号のようなものとボタンがついている。宇宙太子がボタンにさわるとボックスの蓋が開き、中から銀の食器のような物に載った料理が出てきた。宇宙太子にうながされて、私は急いで料理の載ったお盆を受け取った。宇宙太子はもう一度同じ行為を繰り返し、自分のお盆を受け取ると、私達は空席のテーブルに着いた。彼はもう一度席を立ち、さっきとは別のボックスで同じような仕草をして、まもなく手にコップを持って戻ってきた。

「さあどうぞ。これを飲みながら食事してください。美味しいですよ。遠慮しないで食べてください」

宇宙太子にうながされ、コップを持って一口飲んでみた。それはありとあらゆる種類のだしを取ったようなスープだった。次に、スプーンで皿の料理を掬《すく》って一口食べてみた。これもまた地球では味わったことのない味覚が含まれており、とても美味しい。主食の他には自然の生野菜が調味料をかけて別皿に添えてあった。

「こんな美味しい物は地球では味わったことがありません。どんな物から作られているのですか」

「さまざまな穀物の粉と動物蛋白質をちょうどよくミックスし、それに自然の調味料を加えてある総合的な栄養食です。動物蛋白質と言っても、我々は動物を殺戮《さつりく》するわけではなく、主に魚を食糧に利用します。そのために魚を養殖してムダなく利用し、自然に還元する仕組みです。自然の成り立ちを損なわないようにしているのです」

宇宙太子が別のボックスでまた同じような仕草をして戻ってくると、今度はお盆に果物の皿と、ジュースの入ったコップをふたつずつ載せていた。

「食後のデザートです。どうぞ召し上がってください」

果物の中には地球のものも含まれていた。飲物は蜂蜜と果物のジュースをミックスしたような味で、これも美味しい。

食堂では、明らかに地球人と思われる人種が食事をしていた。

「私の他に、地球人が母船に搭乗しているのですか」

「たぶん、いるでしょうね。それはまた別なグループで、別な目的と使命のもとに活動していますから、勝手に話しかけてはならないのですよ。さあ、食事がすんだら談話室に行きましょう」

すべてをリサイクルするシステム

談話室にいる人々はみなおだやかで、くつろいだ様子をしていた。イヤホンをつけて音楽を聞く者、リラクゼーションをする者、宇宙テレビを見て楽しむ者、会話を楽しむグループなど、それぞれが思い思いに心身を癒しているようだった。この談話室からは、図書室、宇宙パノラマ室、保健室に繋がっている構造だった。保健室には専門の医師とあらゆる設備が用意され、具合の悪い人がいてもすぐに元気になる。いちばん多い病気は、宇宙船に初めて乗った人が起こす船酔いのような症状だという。

続いて、プライベートルームに案内された。ここは寝室のある個室で、寝泊りができるらしい。石鹸やシャンプーを使わないため風呂場はなく、シャワールームのようになっていた。そこで霧状のシャワーを浴びるだけだが、波動の加わった特殊な水なので、肌の油や垢がきれいに洗い流されるのだという。トイレは私たちのよく見るような便器でなく、シャワールームの壁側にある人形の凹みに腰かけるようになっていた。私もためしに用を足してみたが、用が終るとその思いを感知するらしく、終ったあとのお尻に気持ちのいい温風が流れて乾かしてくれる。そのあとは軽やかな音楽が流れ、香水の香りが漂った。あまりにも不思議だったので、私は宇宙太子に質問してみた。

「大便や小便の始末はどうなっているのですか。それから、おならのガスはどうなるのですか」

「大便や小便は完全に分類し、利用しています。宇宙生活ではすべての物を再利用し循環するシステムが完全に備わっており、ムダになる物はひとつもありません。おならのガスだけでなく、我々が呼吸で吐き出す炭酸ガスも空調システムで完全に集めて分類し、活かしているのですよ。循環システムが完全に完壁に稼働しているために、我々は星で生活しているような錯覚さえ起こすのです。母船は星と都市の機能を備えているのです」

私がさらに驚いたのは洗面台である。歯ブラシを使って歯を磨いたり、カミソリでヒゲを剃ったりする習慣はないのだという。壁側に顔形の凹みがあり、そこに顔を当てると顔が洗われ、ヒゲもきれいに剃れるのだ。その装置の中のちょうど口にあたる部分には出っ張りがあり、それをくわえると口の中がきれいに洗浄されるのである。

「この装置はどういうシステムになっているのですか」

「ヒゲは、簡単に言えば特殊な電気でヒゲだけをきれいに焼いてしまうのです。顔の皮膚は火傷《やけど》しないようにそれとは違う電気システムを使っています」

「皮膚が焼けないシステムといっても、睫《まつげ》や眉毛、髪の毛はどうなるのですか」

「もっともな疑問点です。我々の装置は人間の思考を感じ取って、人間の思い通りに働いてくれる完璧なシステムに作られています。ですから、本人がすることを完全にこなしてくれるわけで、髪の毛や、眉毛、睫まで焼いてしまうということはないのです。念のために、システムの中に髪の毛、眉毛、睫、ヒゲのサンプルを入れて記憶させていますから、完全に区別できます。このように、百パーセント安全なシステムでなければ、日常生活に使用しないのですよ」

「顔を洗う装置はどうなっているのですか」

「シャワー室の装置と同じで、波動によって変えられた特殊な水を使っています。霧の噴霧を受けることによって、二〜三分できれいになります。口と歯も特殊な水で洗浄するので歯垢は完全に分解され、口の中で害になるような細菌は完全に死滅します。これで口の汚れがなくなり、口臭もしなくなります。臭いといえば、我々は食物から出る臭いを分解し、いい香りを出す臭除香を食後に食する習慣になっているんですよ。これらは宇宙生活での基本になっているシステムのひとつです」

プライベートルームを出て、次は農場へ向かった。農場の担当者が私達と同行した。農場はとてもよく整備されており、三～四メートルほどの高さで何段にもなっていた。地球の単位で言えば百ヘクタールくらいだろうか。これを効率よく利用し、生産性を高めているので、野菜、果物、穀物は母船の人口である五～六千人を十分賄っていける量があるらしい。地球と同じ野菜、果物も見られた。トマト、キャベツ、白菜、ブロッコリー、芋類、イチゴ、リンゴ、ピーチ、マンゴー、バナナ、葡萄《ぶどう》、米、麦、粟《あわ》、蕎麥《そば》、その他にもさまざまな調味料に使う植物や茸類である。地球にはない果物、野菜、穀類もたくさんあった。

「地球と同じ食物がたくさんありますが、地球から種を持ってきたのですか」

「地球にあるほとんどの食物は、実はその昔、我々の先祖がプレアデスから持っていったものが多いのですよ。地球で生活するために持っていったものが地球で野生化したり、地球人が改良を加えたり、混ざり合ったりして、新種ができて今日に至っているのです。地球には我々プレアデス星人以外も立ち寄っていますから、他にも種は持ち込まれています。それは何十万年、何百万年、何千万年、何億年前という、気の遠くなるような昔の話です。今のところ、剛史はそこまで知る必要はないでしょう。重要なのは、母船での生活体験と他の星々の体験です。その体験を正しく地球人に知らせてください」

「わかりました。これらの植物は人工太陽で育てているのですか」

「人工太陽も利用しますが、自然の太陽の光を天井から農場まで引いて照射しているのですよ。太陽の光と熱を貯蔵して利用し、効率よくしています。また、成長ホルモンをコントロールして高単位の栄養を与え、成長を早めているのです」

農場の担当者も言った。

「地球と比較したら、我々の農場では何十倍も何百倍も成長が早いのです。もちろん、無農薬の有機栽培ですよ」

私はずっと気になっていたことを尋ねてみた。

「ところで、艦内の光は壁自体が発光しているとさっき聞きましたが、影さえ写らないほど明るいのはどうしてなのでしょう。それに、壁全体が光るシステムだとエネルギーの消費量が莫大なもののように思えます。母船全体が使うとすれば、たいへんなエネルギーのムダになるのではないのですか。それだけのものをどうやって得ているのですか」

宇宙太子が答えた。

「前にもお話ししたと思いますが、宇宙船はこの大宇宙に遍満する宇宙エネルギーを吸収しながら飛んでいます。太陽エネルギーだけでなく、星々の地場エネルギー、海洋のエネルギー、雷から発生するような自然の電気エネルギーも利用します。エネルギーとして利用できるものは宇宙に満ち溢れているのです。それに、『壁全体が光るから、エネルギーの消費量が莫大ではないか』と考えるのは早計です。我々のエネルギーの消費量は地球人類が使う電球よりも、はるかに少ないのですよ。何十分の一、何百分の一にとどまるでしょう。それでも、我々はムダなエネルギーは使わないように節約しています。たとえば、使わない部屋の明かりを消す、設備は使うときまで稼働させない、などです。これはそのように気を使わなくても、母船自体が自分で自分のボディーをコントロールするシステムとして作られています。そうでなかったら、この大宇宙を航行するのに、安心して船に乗っていられませんからね。

壁が電球よりもエネルギーの消費量が少ないのに、電球よりもはるかに明るいのは、壁の素材に、光が何百倍にも拡大する特殊な材料が混ざっているからです。電気を光に変換する装置と連携して、壁全体に光を流しています。今の地球人類の科学力では、特殊な材料という言葉でしか表現できないでしょう」

「その特殊な材料は、まだ地球にはない材料だというわけですね」

「その通りです。地球人類の科学には基本的なところに大きな誤りがありますから、教えたとしてもまだ作れないでしょうね。剛史は見たり聞いたりしたことを、飾ることなく、そのまま伝えてください。それが剛史の役目なのですから。あなたは『真実の伝達者』ですからね。まもなく、母船は我が母星に到達するでしょう。さあ、オペレーター室に行きましょう」

第2章

プレアデス星人の宇宙科学

中心都市の宇宙空港

　自走機に乗り、展望室にもなっているオペレーター室へ向かった。室内に入ると、母船の船長《シーサ》がにこやかな顔で待っていた。

「剛史、どうでしたか。艦内は面白かったですか」

「はい。僕には驚くことばかりでした。本当に素晴らしい母船です」

「まもなく母星に帰還しますから、よく見ていてください」

　映像パネルに宇宙図が現れた。その中に、ひときわ美しく、金色に輝く星が見えた。星々の流れがシャワーのように後に流れはじめると、金色の星が少しずつ大きくなった。ゴルフボールから野球のボールの大きさへ、それがサッカーボール、アドバルーン大、と大きくなった。すると、星の両側に巨大な太陽が見え、まぶしく輝くのが見えた。私の驚きを感じて、船長が言った。

「我々の母星は伴星の恒星にしたがっている惑星です。双星の太陽の源に我々の母星

（プレアデスⅩⅡ）は育まれ、多種多様な生命が発生しました。宇宙の進化の日的にしたがって我々は成長を遂げ、現在の宇宙科学を駆使できるまでに進化を遂げたのです」

船長は母船に命令を与えた。着陸の準備をしているようだった。母船は青く輝く母星の大気の外側にまで迫っていた。私は聞いた。

「地球が太陽のまわりを回るように、プレアデスⅩⅡも回っているのだと思いますが、双子の太陽のどちらを回っているのですか」

「うん。我々の母星は、双子の太陽のうちの弟のほうを回っている惑星のひとつです。兄と弟の中心から弟寄りの内側を回っているのです。兄のほうがほんの少し大きく、重量も若干大きいのです」

「兄と弟の太陽は何個ずつの惑星を従えているのですか」

「弟は十一個、兄は十二個です」

「兄と弟で引っぱり合いはないのですか」

「もちろん、引っぱり合って現在の宇宙の均衡が取れているのですよ。宇宙が形成される段階では、星同士のぶつかり合い、引っぱり合いのけんかがあり、それらが全体的におさまって現在の宇宙は誕生しています。今は安定した宇宙の法則の基に運動し、活動、運行されているものとみていいと思います。しかし、我々の宇宙科学が進んでいると言っても、わからないことはまだたくさんあるのです。たとえば、宇宙太子が話したように、宇宙の果てや、ダークマターについてはいまだに解明できていません。我々よりもはるかに宇宙科学の進歩した宇宙人もいます。我々の銀河よりはるかに遠い、別銀河の宇宙から来ている宇宙人です。私が受け持っているのは天の川銀河の宇宙連合の中のほんの一部分にすぎませんが、そのさらに上である銀河同士の銀河連合も存在しているのです。それくらい宇宙は広いのですよ。その意味では、今の地球人類は宇宙においては『井の中の蛙』という言葉がぴったり当てはまるでしょうね。もちろん、私は地球人をけなそうと思って言っているのではありませんよ。地球人類に、宇宙的に目覚めてほしいと思っているのです。さあ、母船はまもなく、母星に帰還します。我々の中心都市の宇宙空港に降り立ちますので、よく見ていてください」

船長が命令すると、母船はプレアデスＸⅡへぐんぐん近づいて行き、青く輝いていた大気圏に一気に突入し、丸く見えていた惑星に山脈や青い海が見えると、スピードがゆるやかになった。それからゆっくり降下し地表に近づくにつれて、都市の形状がはっきりしてきた。透明の丸いドームが大小延々と連なっており、それらが透明の太いパイプで連結されているのが見えた。

宇宙空港は都市郊外の山脈近くにあった。さまざまな宇宙船がそれぞれの着陸場所に降り立ち、駐機していた。葉巻型宇宙母船が台のような構造物でしっかりと固定され、何十機と駐機している。私達の乗る母船も船長の指令により、ひとつの台に降り立った。その台はやがて山脈のほうへ向かって動き出し、中へと吸い込まれていった。山脈の中は空洞で、母船と同じく光源がなくても真昼のように明るい。

「母船は一度帰還すると、必ず保守点検を受け、整備することが義務づけられています。我々人間と同じく母船にも休養が必要なのですよ。あの中にはさまざまな母船や宇宙船が何百機も並んで、順番待ちをしています。宇宙船はほとんど自己再生型に造られていますが、専門の診断を受けるとイキイキと蘇るのです。より良い整備とすみやかな再生で、母船はつねに健康体に保たれています」

やがて、母船の三ヶ所からタラップが降ろされ、さまざまな人々がいっせいにステーションのホームに降り立った。彼らは目的にしたがって、それぞれ自走機や小型宇宙船に乗って行ってしまった。我々も宇宙太子の案内で、透明の小型宇宙船に乗った。上部が硬化プラスチックでできているようなドーム型の船である。小型宇宙船は山脈の空洞都市から飛び出し、地上都市へ走り始めた。空から眺めると、同様の小型宇宙船がたくさん飛行しており、それぞれの目的地に向かっている。地上すれすれには多くの自走機が走っているのが見えた。歩道をゆっくり歩いている人の姿もあった。透明の丸いドームが連結されている透明の太いパイプは、近くで見ると交通路であり、その中を自走機が走っているのが見えた。都市はドームからドームへ渡り歩くような構造らしい。小型宇宙船はいったん空高く舞い、都市を俯瞰《ふかん》してから、ひときわ大きいドームに向かって降下した。このドームには小型宇宙船がたくさん駐機していた。

宇宙太子が言った。

「この建物は、地球人類で言うところの『役所』です。あらゆる情報がここへ集まり、発信されていきます。我々はこれから、地球人類で言えば『市長』に当たる人に会いに行きます。ただし、私達は地球人類に理解しやすいように『船長』『市長』『宇宙太子』といった名称を使っていますが、プレアデスの社会では階級制度は一切ありません。地球人類が持つ、位を表わす表現もないのです」

「それでは、その人達はどのようにして選ばれるのですか」

「地球人類は公平な選挙と言いながら、実際には力のある者があれこれ工作してその地位を獲得していますね。すでにお話ししましたが、我々の社会では『弱い者はど助け、足りないものほど補ってやる』という『愛の奉仕行動』が基本であり、『全体のために奉仕することが自分の幸福を得ること』なのです。ですから、自分の利益を得ようと思って奉仕している人はひとりもありません。学校や社会で学んだ知識、技能、経験を社会のため、全体のために役立て、活かすのは何よりも自分の喜びであり、誇りでもあるのです。我々の社会では、ひとりひとりの個性、知識、技能、経験などがすべてコンピューターに登録されています。それは誕生したとき、いや、受精したときからと言ったほうが正しいでしょうね。すべて個人の記録がわかるようにカード化、チップ化されているのです。

市長、船長、宇宙太子、工場長、農場長、各種施設などの責任者、担当者は、まずその人の奉仕希望を聞き、それに加えて知識、技能、経験、能力などによりふさわしい人が選ばれます。あくまでも本人の奉仕の希望が第一ですから、位が上だとか、偉い人だとかというイメージは誰にもありません。格上の仕事、格下の仕事という認識もなく、単純な仕事であれ、技術的に高度な難しい仕事であれ、すべての奉仕者はみな同じ評価です。たんに役目、役割が違うだけにすぎません。地球人類はすべてを競争制にして、地位が上の人ほどいい思いをし、いい生活ができるという社会の仕組みになっていますね。そこに格差や差別が造られ、争いの絶えない社会になっています。地球人類が滅亡へ向かう根本原因は、社会の基本に貨幣制度を敷き、競争社会を造っていることです。我々の社会には貨幣経済は存在しません。貨幣がなくても、『必要な人が、必要な物を、必要なときに、必要な分だけ受けられる社会』が確立されています。『真に平等で平和な社会』です。したがって、地球人類が『真に平等で平和な社会』を心から願うのであれば、現在の貨幣経済から一日も早く脱却しなければならないでしょう。法律によって競争制になっているのなら、その法律を廃止しなければなりません。我々の社会では、『万人の人間はすべて平等な生活を営めるものでなければならない』というのが基本です。『全体に奉仕することで自分も幸せになる』という、『平等の基本』があるのみです。したがって、争いや戦争はありません。

地球人類にはこんな理屈があるのかもしれません。『人間も自然の産物であり、生命のひとつである。自然の姿は適者生存になっている。強い者だけが環境に打ち克ち、弱い者は滅びるという自然淘汰の現象は自然本来の姿であり、やむを得ないのではないか』というものです。しかし、神から知恵と英知を与えられた、生命の頂点にある人間が、他の動物にも劣るような戦争を繰り返していていいものでしょうか。地球人類は地球さえも破壊してしまうような大量破壊兵器をたくさん製造しています。戦争の道具と武器を製造する競争もとどまるところがありません。まったく嘆かわしい限りです。

まず、『この地球は人類のものだけではない』と深く理解し、自然と共生できる生きかたに変えていかなければなりません。『人間が生命の頂点に立っているから、この地上で何をやってもいいのだ』という考えは間違っています。地球人類は今や、性質《たち》の悪い病原菌、あるいは害虫に成り下がっていることを知らなければなりません。人間は神から英知を与えられ、生命の頂点に立っているわけですから、その『最高の生命にふさわしい行動と生きかた』をしなければならないのです。それを地球人類に知らせてもらうために、剛史を我々の母星に招待したのです。争いや戦争のない、天国のような我々の社会のありかたを体験してもらいたかったのです」

愛の奉仕行動を基本とする社会

小型宇宙船は大きな皿状の構造物にゆっくりと降り立った。タラップを下りて自走機に乗り、市長室の前に着くと、宇宙太子がドアの前で手をかざした。すると、ドアが音もなくスーッと開いた。中にはにこやかな若い女性が待っていた。

「どうぞ、お入りください。お待ちしていましたよ。

こんにちは、この首府の都市アーラの市長、アーサです。慣れない宇宙の旅で疲れたでしょう。どうぞ、ソファーにかけて楽にしてください。今、元気の出る美味しい飲物をさし上げますから」

「こんにちは、初めまして。私は地球の国のひとつ、日本に住んでいる剛史というものです」

「剛史のことはわかっているわ。我々は剛史をずっと待っていたのです。ある大事な目的のためにね」

「母船の船長や宇宙太子から、同じことを聞きました。でも、光の速さで飛んでも何百年もかかるような距離にあるプレアデスXⅡ星人が、どうして私を待っているのか、不思議でなりません」

アーサ（市長）は指をピン！　と鳴らした。すると、私の前にピンク色のジュースの入ったコップが出現した。彼女はもう一度指を鳴らして、今度は宇宙太子の前に同じものを出し、最後にもう一度鳴らして自分の前にも出した。

「この飲物はとても美味しくて、飲むと元気がみなぎってくる飲物ですから、どうぞ遠慮なく召し上がってください」

アーサは自分から先に一口飲んでみせると、「ああ美味しい。これはいつ飲んでもの美味しい飲物だわ！」と感嘆の声をあげた。私は手品でも見せられたのかと思ったので、現実のものかどうか、飲んで確かめてみた。一口飲んでみると、その美味しい味にびっくりしてしまい、一気に飲み干してしまった。見ると、宇宙太子も飲み干している。アーサが言った。

「これは手品や魔術ではなく、私の思念、創造の産物です。『思考は目に見えないが、生きた産物であり、精神は感応する』という性質を、私達は宇宙科学に応用したのです。宇宙ジャンプ、テレポート、非物質化、物質化現象を応用することで、光よりも速く飛べる宇宙船を開発できました。ですから、光の速さなら何百年、何千年、何万年もかかる距離でも、宇宙船は瞬《またた》く間に目的地に着けるのですよ」

「それはここに来るまでに船長に見せていただきました。そのときにも感じたのですが、あなたがたが日常生活においてこういうことができるのなら、農作物を生産したり、魚を獲ったりなどは一切やる必要がありませんね。思いによって、自分の好きな食物、料理を出せばいいわけですから」

「剛史、それは違うわ。私達はいつもこの術《わざ》を使っているわけではないのです。日常生活においては農業、漁業、園芸もやります。その他、必要な生産作業によって得た収穫物を加工、利用して、食糧や飲物にしているのです。地球人類と同じく、額に汗して働くのですよ。できる限り、自然を尊重して自然の姿に従うようにしています。ただし、地球人類と私達の違いは、私達はあらゆる面を機械化、ロボット化していて、大半の作業はそれらに任せているというところです。先ほどお見せしたのは、『人間にはこういうことも可能なのですよ。私達はそれを宇宙科学に応用しているのですよ』と剛史に教えるためにやって見せただけです。家庭ではちゃんと料理を作りますよ。私達の社会では仕事場で食事がとれますし、街には誰でも食事ができてくつろげる場所があります。また、旅や仕事の途中には、他所《よそ》の家庭で食事をお願いしてもいいことになっています。たいていは一般のレストランですませますが、近くにない場合は止《や》むを得ず、一般家庭にお世話になる場合もあります。訪問を受けた家庭ではある限りのものでお世話するのですが、ない場合は、ある所へ連れて行くのです。

地球人類と私達の社会では、人が亡くなったときの処理の方法も違います。街には必要と思われる箇所に『平安の屋形』という小さな家が設けられています。そこには

『やすらぎの器』という遺体処理機が置かれています。これは遺体を記録し、完全処理する機械です。ある人が道で倒れたりした場合、通りすがりの人間がその人を平安の屋形に運び、やすらぎの器に乗せてあげます。機械は霊魂が昇天しているかどうかを判断し、まだ死亡していなければ生存していることを知らせ、どこへ連れて行くべきかの指示を出します。そこで遺体の発見者は、指示されたところへ自走機で連れて行きます。誰もが必ず連絡先の書かれたカードかチップを携行しているので、それを見て家族へ連絡します。家族がない人の場合は、中央（アーサの役所）へ連絡が届き、奉仕希望者に連絡して来てもらいます。霊魂が昇天している場合には、本人の所持品からカード（チップ）を出し、家族があれば家族へ『××街のNo.××の平安の屋形に今、本人が入っています』と知らせます。家族が近くにいる場合にはそこまでやって来ますが、ほとんどは連絡を受けた時点で、家族は「カードを入れてください」とその人に頼みます。カード（チップ）を機械に入れると遺体処理機が作動し、肉体は完全に分解されて跡形もなく消滅します。霊魂が昇天していなければ、遺体処理機は絶対に作動しない仕組みです。カード（チップ）に残る本人の記録、遺体の記録、死亡原因なども含めて、中央（役所）のコンピューターに送られて記録されます。人が亡くなったとき、私達の社会では地球人類のように悲しみません。なぜなら、『肉体の消滅とは本人が生まれ変わりに入ったことであり、それは本人の喜びであることを知っている』からです。また、私達の科学が、本人に会おうと思えばいつでも会えることを可能にしているからです」

「死んでしまったのに、会おうと思えばいつでも会えるとはどういうことですか」

「剛史はもう知っているはずですよ。私達の科学が進歩しているため、過去や未来に自由に行けるからです。つまり、霊界にも自由に出入りできるので、霊体（本人）に会って話ができるのです。地球人類には信じられないような話かもしれませんね」

「日本にも『イタコ』と呼ばれる人達がいます。自分の霊を飛ばして、死者の霊と対話するという話を聞きました」

「いいことを知っていますね。まさにそれなのです。私達はそれを分析し、応用したのです。自然の中には真実が詰まっていますが、すべてが隠されています。私達はそれを見つけ出し、解明していかなければならないのです。そのために、神は人間に知恵を授けられたのです。あらゆる困難を知恵によって乗り越えていくように。

ところで、地球人の目から見て、私は何才くらいに見えますか」

「美しく、若々しい女性ですから、二十才前後でしょうか」

「まあ、剛史はお口が上手なこと。私はその十倍は歳をとっているのよ」

「エッ、二百才ですか！　とてもそのようには見えません」

「私達の社会は『愛の奉仕行動を基本とする社会』ですから、争いもなく、貨幣経済に振り回されて精神がボロボロになることがありません。医療費に悩む必要もなく、バランスの取れた食生活が送れますし、栄養が行き届いています。自然と共生する生活を送っているから、歳をとっても若さが失われない体質になっているのです。

母星は寒からず暑からずの温暖な気候なので、地球人のように体力を消耗しませんしね。医学と科学が高度に進歩していることもあって、地球人の数倍は長生きです。太陽と私達の惑星とのバランスがいいので、生命の発生、成長、細胞維持がとてもよく、長持ちするのです。すべてがイキイキとしているでしょう。さあ、時間をムダにしないように、宇宙太子に案内してもらって、どんどん先へ進んでくださいね」

工業都市ミールの宇宙船製造工場

宇宙太子が「さあ、出かけましょう」と私をうながした。彼は私を自走機に乗せ、館内を見せてくれた。パブリックホールにはさまざまな星人、人種がおり、楽しそうにくつろいでいた。宇宙太子が「あれはオリオン人、あちらはシリウス人、むこうはアンドロメダ人、それからリラ人、カシオペア人、牧牛座人、ヘルクレス人、レチクル人、リゲル人……」などと教えてくれたが、とても覚え切れるものではなかった。

「みなさん、それぞれの目的のもとに我が母星を訪問しているのです。研修や宇宙旅行の途中に立ち寄ったり、剛史と同じような目的だったり、宇宙連合の会議に出席するためだったりします。今、私がそれぞれを紹介しましたが、地球人の星座を使って、地球人にわかる形で表現しただけで、実際には違う名称です。我々の科学も本当はピクス科学といいますが、地球人にわかりやすいように、プレアデスという名称を使っています」

彼らは顔や体形にそれぞれ特徴があった。目立ったのは、鳥、爬虫類、牛などの特徴を持った人間である。

「彼らもまた、進化した人間なのですね」

「もちろんそうです。科学力においては、地球人類よりはるかに進化を遂げています。顔がヒューマノイド形でないからと言って、見下げるのは誤っています。科学力においても進歩しているということは、精神面においても進化していると思っていいでしょう。知恵と精神面の発達はとても重要で、その人類の生きかた、社会のありかたを決定づけます。地球人類の社会に争いや戦争が絶えないのは、精神面がとても遅れているると見なければなりません。要するにまだ大人になり切れずにいるのですが、そのため、この宇宙から生命として滅亡する可能性が大きいのです。地球人類の多くが競争社会を受け入れ、『争いや戦争はやむを得ない必要悪』として容認しています。その心の底には『自分さえよければいい』という『エゴの心』が充満しています。むしろ『エゴをよしとする集団』とも言えます。そのような人間は、いずれはエゴによって滅びる運命にあることに気づいていないのです。

さあ、次は工業都市へ行きましょう」

自走機で小型宇宙船が駐機している屋上まで行き、そこから小型宇宙船で工業都市へ向かった。宇宙船が上昇したので都市全体を見渡すと、各ドームがいっせいに美しいカラフルな色に変色した。

「どうして、いっせいに色が変わったのですか」

「我々の建物は自らが色によって自分を表現したり、太陽の有害な光線から内部を守ったり、いろいろなエネルギーを取り出したりしています。つまり、いろいろな設備に必要なエネルギーを建物自体がまかなっていて、そのために変色するのです」

「便利にできているんですね。それにしても、この世の物とは思えない美しさですね」

「初めて見る方はそう感じるでしょうね」

「プレアデス星にやってくる星人のなかには、環境の違いから気分が悪くなる人はいないのですか。たとえば、気圧などが違うとか」

「それらは母船にいるあいだに体が調整されているのですよ。それに、さっきアーサが飲物を出してくれましたね。あれを飲んだら、とても気分がすっきりして元気が出たでしょう。あれには目眩《めまい》を起こさせないようにする成分が含まれているのです。体の細胞が調整されるのですよ」

「あなた方の科学は何もかもが素晴らしいですね。地球の人類から見たら、神の業《わざ》としか思えないことが、日常生活に普及されているのですから。本当に驚くことばかりです」

「いや、それほどでもないですよ。我々が宇宙人として地球人類よりも少し早く誕生しただけなのです。さあ、工業都市ミールです。よく見てくださいね」

工業都市ミールは先ほどの首府の都市アーラとは違い、透明なピラミッド形の建物が多かった。その他に箱形やドーム状のものも点在するこの都市も、たとえようがないほど美しかった。山脈に続く一角にはさまざまな宇宙船が並んでおり、宇宙船はこの工業都市で製造されていることがひと目でわかった。

「工業都市は他にもありますが、宇宙船は主にこの都市で製造しています。工業都市にはそれぞれ特徴があって、宇宙船だけでなく、ありとあらゆる機械、ロボット、コンピューター、設備関係、家庭で使う小物の道具類まで、我々の社会に必要なものはすべてが製造され、そこから全国へ配送されます。すべて国の管理により、必要に応じて製造され、ムダなく使用されます。地球人類のように会社が競争して、必要以上に製造してムダにする社会とは違います。『必要な人が、必要な物を、必要なときに、必要な分だけ受けられる社会』、『誰もが平等に平和に暮らせる社会』が確立しているため、人よりも物を蓄えようという物質欲ははるか昔になくなっているのです。我々の社会では『人に与えることが自分の幸福』なのです」

「かなり巨大な宇宙船が見えますが、これらがどのようにして造られるのか、見てみたいです」

「それはもっとですね。では、宇宙船を造る工場に案内しましょう」

宇宙太子は小型宇宙船を操作して、大きなドームとかまぼこ形の建物がたくさん並んでいる工場に向かった。私達はそこから自走機に乗り、各セクションを回ることになった。

まずは、葉巻型巨大母船の骨格の組立、接続などの流れ作業である。最初に宇宙船の活動目的が決められ、それに沿って設計図が作られ、ヘッドコンピューターにその宇宙船の目的と設計図が入力される。それをもとに各部品を作るセクションのコンピューターに指示が出され、部品が製造されていくのである。そして、各セクションから組立工場へ部品が集まり、機械とロボットの流れ作業によって組立てられる。私は見たものをこのように解釈したのだが、宇宙太子が私の考えを読んで言った。

「剛史の解釈は少し違っていますね。宇宙船を造るときには、最初に波動科学、宇宙科学、宇宙工学、生命科学、工学、医学、学術、文化、教育、社会科学、農業、漁業、食料の生産製造、機械工学、ロボット工学、遺伝子工学、バイオ科学、電気工学、エネルギー科学、通信科学、交通と物流配送システム工学、自然環境科学、水科学など、さまざまな分野のスペシャリストが一堂に会します。そこで会議を開き、どういう目的でどういう活動を行うのか、宇宙船の規模（大きさ、収容人員、設備、航行距離）について話し合い、一応の目標を定めます。それから、エンジニアが、会議で決まった内容をヘッドコンピューターに読み取らせていきます。担当者の思考を読み取って知識として情報を吸収させ、人間の思考をヘッドコンピューターの思考とするのです。

その結果、ヘッドコンピューターは自らの知識を駆使して、主人のために、最高にして最良の宇宙船を設計します。でき上がった設計図はそれぞれの分野のスペシャリストが確認し、おかしなところや不足な箇所があれば指摘し、ふたたび彼らの思考を注入して修正を加え、よりよい宇宙船が設計されます。

目的にかなった最高の設計図が一度確定されれば、各分野、各セクションのコンピューターへと指令が出され、それぞれのセクションにおいて必要な部品が製造されて、先に使われる順番に組立工場へ送られます。そこからはロボットによる流れ作業です。コンピューターの指示どおりに寸分の狂いもなく、組立てられていきます。

完成した宇宙船は、最初は人間が乗りません。ロボットによって試運転がなされ、間違いなく大丈夫であると確認されてから主人を乗せます。これらのロボットや宇宙船は感情をそなえた生命体のように反応し、人間の思考どおりに働いてくれます。そのあとで各分野のスペシャリストが乗船し、百光年、千光年のテスト飛行をして細部にわたって性能を確認します。そのテスト飛行を無事に終了して、初めて一般の搭乗が実現するのです」

異星人同士の結婚もある

部品には三十、四十、五十～二百メートルというようなワンスパンの構造があり、母船はそれらを接続して組立てられていた。母船の規模も豊富で、千、二千、三千、四千、五千メートルから、十～三十キロメートル級までの大きさがあったが、いずれもワンスパンごとの構造である。地球でおこなう鉄骨の溶接とはまったく違い、継ぎ目もなく接続されていた。作業風景のクローズアップを画面で見せてもらったが、接続用ロボコンが部品の合わせ目と合わせ目をゆっくり往復すると、物質が完全に溶け合い、ひとつの物体になったように見えた。工場には機械やロボット人間だけでなく、各セクションに各分野のスペシャリスト達がいて、作業が滞らないように全体をコントロールしているそうである。完成した巨大母船の中には、直径が二キロメートル以上はあろうかと思われる円盤型宇宙船もあり、中央部の高さは六～八百メートル以上もあった。

「葉巻型にしろ、円盤型にしろ、巨大母船には収容人口に合わせた人工農場、山岳、公園などが必ず設けられています。農産物、果実は人工農場で生産され、搭乗者の食糧は十分賄えるようになっています。その他に人工の養殖池があり、そこで魚類を養殖し、加工して食糧に当てています。すべて母船内で生産、加工して搭乗者の生活を賄うように製造されていますから、まさに生きた母船でしょう」

プレアデス人に案内された他の見学者が、ここでもあちこちに見かけられた。

「私のようなお上《のぼ》りさんがいっぱいいるようですね」

「必ずしもお上りさんばかりではないのですよ。我々の星と自分達の宇宙科学、宇宙工学の進歩、発展の違いを見学に来ているスペシャリスト達もたくさんいるのです。自分の目で見て、どの部分が進んでいて、どの部分が遅れているかなどを比較検討しているのです。彼らによって我々も学ぶことができます」

私は部品が面白いように接続されていくのに、しばらく見入っていた。何百メートル、何千メートルの長さもある途方もない巨大母船がたちまちのうちに、いとも簡単に造られていくプレアデスの科学には驚くばかりであった。同時に、なぜか私はこのプレアデス星には前々からいたことがあるような、馴染み深い感情も覚えるのであった。すぐにもこの星の社会に馴れてしまうような気がした。宇宙太子に聞いた。

「他星人がこの星の社会に慣れてしまうと、住み着きたくなったり、自分の星へ帰りたくなくなったりしませんか」

「よくそこまで感じられましたね。剛史が感じたとおり、我々の社会に溶け込んで生活している異星人はかなりいますよ。中には、本人の希望で一生を過ごす人もいます。ただし、受け入れは、その人がそちらの社会でいなくなっても支障がない場合を前提としています。もちろん、本人が帰りたくなったときには、いつでも責任を持って送り届けていますよ」

「この星にとどまって、この星の人と結婚できるのでしょうか」

「もちろんできます。それはどの星、どの国、どの社会においても同じです。要するに、おたがいが好きになれば、どの社会においても同じなのです。とくに若い人達の仲においてはね。我々の社会では異星人同士で結婚している人がかなりいます。血が混ざれば混ざるほど優秀な人間が生まれ出ることは、生物学的、優生学的に証明されているのです。ですから、異星人同士の混血は大いに歓迎されます。どんな宇宙にも適応できる新生児の誕生は喜ばしいことです。その存在は宝物です。地球人類の社会においては、混血児が差別を受けることがしばしばありますが、我々の社会は『他人を愛する社会』です。剛史にも、我々と地球人類との進化の度合いがまったく違うところを学んでいって欲しいのです」

「わかりました。私をこの素晴らしいプレアデスの世界に招待していただき、本当にありがたく感謝しています。できるだけ多くを学んで帰ります」

私たちは自走機に乗り、各セクションを急いで回った。そのあとで小型宇宙船に乗り、ひときわ大きいピラミッド形の建物に入った。

「ここは工業都市ミールの本部、ヘッドコンピューターが置かれているところです。これから自走機に乗り替えて、市長エナールに会いに行きましょう」

自走機で建物の中を進むと、ピラミッドのいちばん上の段に到着した。自走機を降りて、宇宙太子がある部屋の前で手をかざすと、ドアがスーッと開いた。中には光り輝くオーラを発している、ひとりの美しい天使が満面に微笑みをたたえていた。

「いらっしゃい、どうぞ中へ。剛史がここへ来るのをずっと待っていたのよ。さあ、どうぞテーブルに着いてください」

私は宇宙太子とともに室内へ案内された。すぐにエナールは私の考えを読み取ったらしく、言った。

「剛史、私は天使なんかではないわ。ふつうのプレアデス人のひとりにすぎないのよ」

「あなたが光り輝いて見えたので、天使だと思ったのです」

「剛史に私のオーラが見えるように、思念を働かせたのですよ。オーラは誰にでもあります。その輝きはその人の魂の進化度を表すものでもあります。ですから、オーラの輝きを見れば、進歩度、進化度がはっきりわかるのです。どんなにお金持ちで、偉い地位についていい身なりをしていたところで、競争で人に勝つことしか知らず、物欲、独占欲、エゴを丸出しにしている人間にオーラは光り輝きません。つねに人を陥れることを楽しみにしているずる賢い人間、いつも人の頭やお尻ばかり叩いて自分は何もしない無奉仕の人間、表面は天使か神様のような顔をしていながら、裏へ回れば人をあざける慢心な人間なども同じです。どんなに弁舌さわやかな政治家や学者であっても、真の心がどこにあるかによって、オーラの輝きはまったく違うのです。オーラは『他人を愛する心』を高め、『他人への奉仕』『全体への奉仕行動』を起こすことによって、つまり善念、愛念を高めることによってのみ、輝きを増します。この『他人を愛する』度合いが魂の進化度にもなっているのですよ。さあ、剛史にぜひ見せたいものがあります。前の画面をよく見ていてくださいね。

過去にも未来にも行ける

エナールは思念でヘッドコンピューターに命令を出したようだった。すると、目の前の画面に、ある会場の情景が映し出された。十六〜二十歳くらいの美しい五人の娘がはちきれんばかりの笑顔を見せて、フルーツがたわわに実った林の前で写真を撮っていた。

「この画面は今から五十年ほど未来の日本です」

五十年先の未来を画面で見られるなど、まるで夢のようだった。驚きながら画面を見ると、娘さん達が手にしているのは、枝いっぱいに実った『さくらんぼ』であった。

「そう。これは日本のある地方の町で、町の特産物である『さくらんぼ』を宣伝するために企画された、『さくらんぼ狩り』会場での一場面です。キャンペーンガールが撮影されています」

「過去や未来の場面は、宇宙船で一度体験させてもらいましたが、ここにいながらにして他の星や宇宙を見られる科学力なんて、神の技術《わざ》としか思えません。でも、どうしてこの場面を見せてくれたのですか。何かわけがあるのですか」

「ええ、そのとおりです。この五人の女性の中に、剛史の親戚の娘さんがいるのですよ」

「でも、この場面が五十年先の未来だとすると、娘さんは現時点でまだ生まれていないということになりますね」

「そうですね。ですが、日本のある地方で確実に起こる場面です。剛史に記憶しておいてもらいたいので、ぜひ見せる必要があったのです」

「この場面を忘れることはないと思います」

「どうもありがとう。たぶん、剛史は一度全部忘れ去ってしまうでしょうが、そのときが来たら確実に思い出すでしょう」

「わかりました。いながらにして世界中を自由に見られるテレビなんて、地球人類には不可能な科学だと思います。母船の船長《シーサ》から前に講義を受けましたが、過去や未来にどうして旅行ができるのか、僕の頭ではまだ理解できないのです」

「それはもっともです。わからなくてあたり前でしょう。人間の頭脳は送信と受信両方の機能を備えています。私達の肉体は魂から進化を遂げた結果、頭脳による思考だけの会話、つまり、テレパシーによる会話ができるようになりました。テレパシーはほとんど時間や距離に関係ありません。言葉というより感情や心がそのまま入って来る、心と心の対話です。今思ったことが、星の裏側にいる人にその瞬間に伝わります。実験したところ、他の星にいても同じでした。人間の思考の伝達は、明らかにふつうの電波とは違うものだったのです。

過去の死者との対話、物質の瞬間移動、テレポーテーション、思念による物質化現象にも私達は注目し、日夜研究を重ねました。そしてついに、宇宙には宇宙開闢《かいびゃく》以来の記録「アカシックレコード」があり、それを見れば過去がすべてわかることを発見したのです。過去の場面は、映画のフィルムのひとコマを見るようなものです。それは過去の次元に入り込み、スポットを当て、現場に入り込み、場面を体験することなのです。しかし、それに手を加えてはならないし、関わりを持ってはならないのです。たんにその場面を覗き見するだけです」

「どのようにして、その過去へ行けるのでしょう。僕にはまだ理解できません」

「そうですね。今の地球人類には、どのように話せばわかるのでしょう。地球人類で霊魂と対話のできる人の例でお話ししましょうか。彼らが過去の死者と対話するとき、その人の名前、生年月日と時間、亡くなる直前までの住所、亡くなった年月日と時間、亡くなった場所などによって人物を特定し、霊魂を呼び出し、対話するわけですよね。ほぼ、それと同じようなことを私達は科学に応用したのです。体験には三通りあります。①その場面を覗き見するだけの方法　②一時、自分の魂と感情をその人物に移し、その人物になり切る方法　③その人物の感情を自分に入り込ませて、その人物の状態を感じ取る方法です。私達は過去や未来へ入ろうと何度も挑戦し、そして何度も失敗しました。失敗した中には、過去や未来へ行きっぱなしになってしまった者もいます。アカシックレコードの次元に入り込んだままになってしまったのです。そのような経験をしながら、私達はアカシックレコードに入る方法をついに確立し、ある公式を編み出すことに成功しました。その公式を宇宙科学に応用し、今では宇宙船は自由にアカシックレコードに出入りできます。私も少しですが、これらの体験をしています」

「過去は実際にあった現実ですから、ある程度理解できます。でも、まだ現実になっていない未来をどうしてとらえられるのか、僕にはわかりません。先ほどの『さくらんぼ娘』にしても、まだ生まれてもいないし、両親は結婚さえもしていないわけでしょう。それなのに、どうして次元に入れるのでしょう。アカシックレコードは過去の記録でしょう」

「もっともな疑問ですね。この世に物質が誕生するとき、その物質にはその物質の一生が記録されています。ですから、人間ならば、その人の肉体と霊魂をさぐれば、その人の未来も知ることができるのです。つまり、この宇宙の物はすべて未来の記録を発しているわけです。実を言えば、過去も未来も今、ここに存在しているのです。過去に遡れるのなら、未来にも遡れるのですよ。遡ると言うより、『その次元に入り込む』と言ったほうが正しいかもしれません。地球人類的に言うならタイムマシンですね。

これ以上論じても無意味でしょう。科学のレベルが違いますから。ごめんなさい、こういう言いかたになってしまって。私は決して、地球人類をけなして言ったのではないのです。その星によって科学にも段階があり、自分達の科学を越えた科学を理解できないのは当然なのだと知ってほしかっただけです。ですから、私達の科学を理解できないからと言って、決して悲観しないでください」

そう言うと、エナールは、空中からサッと飴玉のような物を三個、物質化して出し、私に一個、宇宙太子《エンバー》に一個渡し、最後の一個を口に含んだ。「さあどうぞ、これを食べると元気が出ますよ」とニッコリ微笑んだ。その飴玉を口に含むと、とても美味しくさわやかな感じがした。すぐに頭がすっきりして、体全体がイキイキとしてきた。

「さあ、時間がないのでどんどん先へ進んでください。宇宙太子、頼むわね」

大規模農場アースナムの『ミルクの木』

私達は部屋を出て自走機に乗り、小型宇宙船まで行って乗り替えた。今度は農場を見学するのだという。小型宇宙船でしばらく飛ぶと、眼下に大農場地帯が広がってきた。モンゴルのゲルのような円い建物がところどころに見え、かまぼこ形の建物も見えた。近づくにしたがって、トラクターのような機械が農作業をしているのがわかった。穀物、野菜、果物、その他、というように種類別に分かれているらしい。

「農作業はほとんど機械とロボットが行い、人間は管理だけをしています。ここでは地下が倉庫になっており、コンピューター管理によって運営されています。ここから地下の流通路を通って都市から都市へ、必要なところへ必要な分だけが配送されていくシステムです。個人が自分の趣味でやっている園芸農園もあるのですよ」

集落の町が見えてきた。小型宇宙船は町近くの農場へ降り立った。

「ここはアースナムという農場の町です。農場長兼町長のナレルを訪問しましょう」

到着すると、ナレルと思われる人物が私達を迎えてくれた。

「よく来ましたね、待っていましたよ。うちの農場で生産される物をお見せしましょう」

彼は地下の倉庫へ私達を案内してくれた。そこには地球で生産されている穀物、野菜、果物がほとんどあった。しかし、地球のものよりも穀物は粒が大きく、野菜や果物は色が濃く、どれもイキイキとしている。地球にはない種類もたくさん見られた。

私はつい、前と同じ質問をしてしまった。

「どうしてここに、地球と同じものがあるのでしょう」

「それは逆ですよ。我々の遠い昔の先祖が地球を訪問したとき、地球で生活しながら調査、研究するために持ち込んだものが多いのです。古い時代には我々の星にも争いや戦争がありましたから、そのときに、政府に対する反乱軍をひとまとめにして宇宙船に乗せ、地球へ島流しにしたことがあるのです。我々の調査により、地球で人間が生活できる環境があるとわかったからですが、これにはひとつの実験としての目的もありました。『人間の新天地での生活と、進化の過程を見る』というものです。そのために、当分生活できるだけの物資と、自分達の力で生産し、生活していけるようにとの配慮から、たくさんの種を置いてきたのです。だから、地球と我々の星には同じようなものがたくさんあります。

当時の地球には、地球自体の生命が進化してやっと人間になったばかりの者、我々が島流しにした犯罪者、我々の星以外の進化した星から宇宙旅行の途中で立ち寄った人間、我々と同じように地球を調査するために来ていた人間などがいました。地球は昔からいろんな星の進化した人間にとって、観察、調査、研究の対象だったのです」

「ということは、地球人は地球だけの人間ではなく、多星人の民族なのですね。そして、僕達にはあなた方の犯罪者の血も混ざっているのですね」

「そのとおりです。さあ、先を急ぎましょう。次は配送センターです」

ナレルは自走機に私達を案内した。私は宇宙太子とともに、さまざまな種類の出荷場や製造工場を見学しながら配送センターへ向かった。センターに着くと、コントロール室へ案内された。そこにはコンピューターがずらりと並び、オペレーター達が素早く反応していた。

「各都市からの要求に基づいて、作付け、生産、出荷が全部コンピューターシステムで行われています。壁にたくさんの画面があるでしょう。ここで農場すべての作業状況や収穫を見られます」

ナレルは小麦の生産について、要求数、作付け、農作業、収穫、出荷、配送という一連の流れを画面で見せてくれた。はじめに説明されたとおり、重労働はすべて機械とロボットがやり、人間は管理だけである。それから地上に出て、画面で見た小麦の収穫の様子を確認した。収納機ともうひとつの機械がペアになって進んでいる。ひとつの機械は小麦の穂を刈り取り、麦の粒とゴミを選別して収納機に送り込むものだという。それらの機械を動かすのはロボットであるということだった。農場のところどころに、収納機から収穫物を地下の倉庫に送り込む収納口がある。収納機は小麦でいっぱいになると、収納口に機械の一部を差し込んで小麦をはき出した。

次に、ナレルが自分の趣味でやっているという農園を見せてくれた。野菜、果物、たくさんの花々、さまざまな樹木が管理され、栽培されていた。自家製ワインのような飲物も作っているらしい。それらは各都市のバザールにも出しているという。私はある樹木の前に案内された。

「この木は『ミルクの木』と言って、植物でありながら牛の乳と同じ成分を出してくれる、とても素晴らしい木です。牛を飼うよりもずっと楽ですよ」

木は高さ二メートル、直径二十センチメートルほどで、枝が傘状に広がっていた。幹は毛に覆われ、葉は灰色がかったグリーンだが、なぜか形が牛の耳に似ており、やはり細かい毛で覆われている。

「花も咲き、実もつけるのですよ。花の色は赤、白、ピンク、黄、紫、緑とさまざまで、色によって少しずつ味も違います。結実すると乳のような実が成り、乳が溜まり、乳を垂らすので、食器を枝にかけて吊しておくのです。三ヶ月くらい乳を出し続けますよ」

吸引漏斗《じょうご》のようなものを先につけた細い管と、柔らかいビニールのような材質の大きなビンがつながり、たくさん並んでいた。ナレルは木にかかっていたビンをひとつはずした。そして、白く溜まったものを私にくれた。

「剛史、ひとつ飲んでみてください。美味しいですよ」

そう言って、ナレルは自分でひと口先に飲んでみせ、「ああ美味しい、さあどうぞ」と勧めてくれた。私は、ひと口飲んでみて驚いた。

「これは間違いなく牛乳じゃないか！　ああ、美味しい。どうして木から牛乳がとれるのだろう」

「今の地球人に言っても、信じてもらえないかもしれませんね。我々は牛が草を食んで血肉を作り、乳を出すことからヒントを得て、長年研究を重ね、この木の成育に成功したのです。遺伝子工学を駆使して、植物細胞と動物細胞を組み合わせたわけです。我々は魚類を養殖して食糧としますが、動物を飼育して殺し、その肉を食べることはしませんから、動物は自然のままに生きています。ちなみに、このミルクの木ですが、乳を出し終った実は、最後にチーズのようなものになって落下するんですよ」

ナレルが落下したチーズをひとつ拾い、「どうぞ、食べてごらん」と私に手渡した。私はひと口食べてみてその珍味に驚き、一気に食べてしまった。

驚異の物流システム

私はかねてから気にかかっていたことをナレルに質問してみた。

「プレアデスの社会には貨幣経済がなく、すべての人に平等に物が行き渡るシステムが確立されているのだ、とたびたび聞かせられましたが、実際に生活必需品や食糧はどうなっているのですか。それから、プレアデスの農業はどうして地下に倉庫、工場、各都市への流通路、配送センターがあるのでしょう。地上のほうが早く運べるのではないのですか。どうか、それらを僕にわかるように説明してくださいませんか」

「そうですね。まず、地下に農産物の倉庫や貯蔵庫を設けるのは、保存状態をよくするためと、地上の景観を損なわないためです。また、地下に工場、配送センター、各都市への流通路が備わっているのは、地上での騒音防止と地上より早く物資を届けるためです。地上はあくまでも人間が住み、生活するために、できるだけ自然環境を損なわないようにしています。ちなみに、地上は居住区、教育区、娯楽区、スポーツ区、バザール区、食糧品他物品区、医療区、科学区、文化区、農場区というように、専門的に区分けされた都市になっていて、ひとつの農場で何ヶ所かの都市人口をささえる役目を担っています。地下の流通路は我々が『芋虫』と呼んでいる、地下道を作る専門の大きなロボット機械によって作られて、全都市につながっています。芋虫が通るときれいな地下通路ができるので、地球ほど難しい工事ではありません」

「そんなに全国に地下道を張りめぐらして、地震は大丈夫なのですか」

「我々の星に地球のような地震は起きませんよ。生活必需品や食糧はみな地下道を通って各都市へ運ばれ、各都市から各家庭へ平等に、必要な分だけ配分、配達されます。我々の社会は『愛の奉仕行動を基本とする社会』ですから、それらはすべて奉仕活動で動いています。生活に必要な道具は物品流通区やバザール区へ行けば無料で手に入れられます。出かけられない人は、申込みをすれば届けてもらえます。重労働はほとんどロボット人間と機械がやってくれますから、配達などはみなロボット人間の役目です。ロボット人間が物品流通区やバザール区へ出かけるときは、その家庭のカードを持って出かけ、カードへ必要な物や数などを明示して機械に入れると、どの棚にあるかが表示されます。物を受け取ったら、カードで機械に知らせます」

「品切れの場合はどうなるのですか」

「その場合は『ただ今、品切れとなっております』、『×時に入ります』、あるいは『×日に入ります』というように機械が表示します。急ぎの場合は、『×さんと×さんが持っていますので、とりあえず借りて使ってください』と表示されます。そこで、借りて使うか、何時にまた来るかなど、カードで機械に知らせます。もっとも、物品はすべてコンピューター管理で五段階のチェックシステムなので、いつもストックがあり、倉庫に在庫がなくなるシステムにはなっていないのです。我々の社会では、自分の奉仕する仕事場で食事がとれます。家庭で食事するのは朝か夜ですが、仕事場で朝食、夕食をすませる人が多いですね。日常生活にはとても便利なシステムです。家族団らんで食事をとるのは、仕事が休みのときくらいでしょう。我々の社会はシンプルライフを心掛けていますので、地球人類のように物をムダにはしません。地球人類は強い者だけが物を独占していい思いをしているようですが、我々の社会は『弱い者ほど助け、足りないものほど補ってやる社会』、『愛の奉仕行動を基本とする社会』なので、『誰もが平等に平和に暮らせる社会』が確立されているのです。

また、物はすべて有効利用される『完全リサイクル社会』です。地球人類は生産、製造しすぎた物やとれすぎた物を、価格を統制するために廃棄処分していますね。我々の社会においてはそれらをムダにしたり、粗末にしたりしません。物はすべて全体の物であり、家族が住む家でさえも自分の物だとは考えていないのです。この世の物はすべて神が表現していますから、個人の所有物は何もないわけです。人間が力を加えて作った物でさえ、神が表現した物でしかないのです。ですから、地球人類のように物を独占したり、奪い合ったりしないのです」

「物がすべての人に平等に行き渡る社会だからこそ、すべての人が物に満ち足りているのですね」

「剛史は理解が早いですね。その通りです。地球人類は貨幣制度を基として、競争社会にしています。そのことが格差、差別、争いを生んでいるのです。地球人類の進化の癌は、地球人類がもっともありがたがっている貨幣経済にあるのですが、それをはっきりと認識し、脱却することを真剣に考えないと、地球人類はエゴの塊となって自ら滅亡するでしょう。さあ、先を急ぎましょう。論より証拠、物品流通区とバザール区へ行って、人々がどのように品物を手に入れるのか実際に見学しましょう」

ナレルは小型宇宙船に乗り込んで、私の手を取り、「さあ、どうぞ」と中に招き入れた。

日用品の物品流通センターに入ると、中ではさまざまな人種、異星人が見かけられ、彼らはずらりと並んだ物品払出機に自分のカードを登録するべく、並んでいた。私達も並んだ。

「今日、私がここへ来た個人的な目的は、趣味で植える花鉢が欲しかったからなのですよ」

ナレルが自分のカードに品名と個数を明示し、機械に差し込んだ。機械の画面に『在庫あり。五列目の二段目の棚にあり』と表示されたので、そこへ行ってみると、たくさんの鉢が並んでいた。そのうちからナレルが三個選び、先ほどの機械にもう一度自分のカードを差し込み、選んだ鉢の品番を読み取らせた。それから、品物をそばにあった袋に入れ、機械を離れた。

「どうです、簡単でしょう」

「本当に素晴らしいシステムですね。うらやましい限りです」

「さあ、センターの中をひと回りしてみましょう」

ひと回りしてみて、私は品数の多さに驚いてしまった。地球のデパートや百貨店に似ているが、品数とそのシステムにおいては格段の差があった。

次はバザールだった。バザール地区は、主に人々が趣味で作っている物を出品している。私は果物関係の地区を見学してみた。色とりどりの果物が種類も豊富に並んでいる。果物を加工した食糧品、ジュース類、ビン詰、缶詰、パック入りの食品、ワイン類、リキュール類など、地球では見かけない物も豊富に並んでいた。ここでも先ほどと同じ、カードと機械のシステムによって、人々は必要な分だけ手に入れていた。

そしてここにも、さまざまな人種の人々と異星人でいっぱいだった。

次はアースナムのシティーホールへ向かった。展望室へ上がって街全体を見下ろすと、その美しい景観に心が癒された。展望室にもオペレーター達がいて、いながらにして全国の都市、津々浦々の出来事を見られるシステムになっていた。私は都市と都市をつなぐ地下通路の全国ネットを画面で見ることができた。地下通路は人が乗る自走機の通路と、物品を運ぶための自走機の通路に分かれていた。近くの都市へ送る物品は自走機を使うが、遠方の都市へ送る場合は、配送センターの物品送受マシンルームから目的の都市の物品送受マシンルームへ瞬間的に送られていく。物品の瞬間移動を科学的に応用した輸送システムだった。これをさらに推し進めたのが、過去や未来へ自由に時間旅行のできるタイムマシンらしい。遠方に送る物だけでなく、早く送りたい物、鮮度が重視される物は物品送受マシンを使い、遠方でも腐蝕しない物、主食となる穀物類などは輸送管や自走機によりコンスタントに送られる。品物や穀物が都市、職場、各家庭へ流れていく様子や、ムダなく利用されて公害を出さないように自然に還元されていく様子など、私は画面で見ているだけなのに、なぜか目だけでなく、耳、鼻、体全体で雰囲気を感じとることができた。それは、まるで現場へ行って体験したような感覚であり、我を忘れてしまうほどのリアルさに体が汗ばむほどであった。見終わった私は、さっそくナレルに聞いてみた。

「現場へ行ったような感覚になりましたが、実際に私は行っていたのでしょうか」

「これは人間が夢を見る現象と似たような体験です。その現場へ行ったような体験をさせる、夢現象を科学的に応用した『現場夢実体験』というシステムです。そうでなければ、体験の価値がありませんからね。実体験であればこそ、剛史が地球へ帰ってから宇宙体験記を書く価値があるというものです。ここの体験はこのくらいでいいでしょう。時間がないので先を急いでください。さあ、宇宙太子《エンバー》、剛史を次の体験都市へ連れて行ってください。剛史、これに乗って」

ナレルは近くの小型円盤を指差した。すぐに宇宙太子が先に乗り込み、私の手を引っぱって円盤の中へ引き入れた。私は少し淋しかったが、ニッコリ笑って「さようなら、ナレル」と手を振った。ナレルもニッコリ笑い、「さようなら、剛史」と両手を上げて大きく振った。その様子を見ていた宇宙太子も優しく笑っていた。

「次は海洋都市アクーナへ行きます。アクーナも素晴らしい都市ですよ」

第3章

海洋都市アクーナ

自然環境と調和する都市

小型円盤でしばらく飛行すると、海岸線に添うように、丸い形の家がたくさん見えてきた。もう着いたのかと思ったが、円盤は沿岸の街へは下りず、海へ向かった。その海を見下ろすと、海中がまるで宝石でもばら撒いたように光り輝いていた。宇宙太子は「ここが海洋都市アクーナです。入りますよ」と言うと、そのまま円盤を操作して海へ突っ込んでしまった。海中を進むと、ラッパのような構造物があった。円盤はその先端の大きな口の中へと入って進み、やがて巨大なドーム状のプールに浮かび出た。まわりにたくさん円盤が並んでいる駐機場がある。そこは、海洋都市アクーナのプール港ステーションだった。

私達は自走機に乗って都市を回り、ひときわ立派なドームにたどり着いた。宇宙太子は「ここがアクーナのシティーホールです。これからアクーナの市長パールリに会いに行きます」と言って、また少し自走機を走らせた。

そこはまるでお伽話に出て来る龍宮城のようで、きらびやかな美しさは筆舌に尽くしがたいほどであった。エンバーがいつもやるようにドアーの前で手をかざすと、市長室の開いたドアのむこうには、龍宮城の乙姫様ではないかと思われるほど美しく、燦然と輝く女性が座っていた。

「アクーナのパールリです。剛史、よくここまで来ましたね。ずっと待っていたのですよ。さあ、どうぞそこにかけて楽にしてください。美味しいものを差し上げますから」

そう言って、パールリがひときわ目を美しく輝かせた。彼女の目から一条の光が走ったかと思うと、テーブルに薄紫の液体が入ったグラスが三個現れた。

「どうぞお飲みください。疲れがとれて元気が出ますよ」

飲んでみると、体がさわやかになり、芯から元気が出るのを感じた。

「素晴らしい飲み物ですね。いったいどこから運ばれてきたんですか。そもそも、ここは現実の都市なのでしょうか。日本には『浦島太郎』というお伽話があって、龍宮城と乙姫様が出てきます。僕にはここがまさに龍宮城で、あなたが乙姫様に思えます。

僕は亀に乗って龍宮城へ訪れた浦島太郎のような感じがするのです」

「剛史、ここは現実の都市よ。私は乙姫様ではなく、アクーナの都市の一市民であり、一奉仕員にすぎません。先ほどの飲物は、剛史がこれまでに何度か見せられ、体験してきたものと同じものです。心に強く思うことによって物質化する、思念物質化現象です。まだ地球人類は私達ほどには進化していませんが、似たようなことは起こっていませんか。たとえば、自分が『こういう物が欲しい』『ああなりたい』『こうしたい』とつねに考え、心に強く思って努力していると、自分の思いや夢が思いがけない形で実現したり、欲しい物が手に入ったりしませんか。すべて、自分の思いがそれを引き寄せ、物事を形作り、現実化させたのです。私達の上には神の意思しかありません。この世とあの世を創り出しているものこそ、神の意思力です。神の力が働いてこそ私達があるのです。だからこそ、人間は神の理念である自然の摂理に背く行動をしてはならないのですよ。プレアデス星人はつねに自然の摂理に重きを置き、自然との共生を第一に考えた生活、完全リサイクル社会を確立し、公害を出さないシステムを構築しています。このアクーナの海洋都市も、私達の生活の汚れが海洋に溶け込まないように設計されています。生活廃棄物は完全に分離分解され、完全リサイクルと完全還元のシステムによって自然に調和しています。農場でのシステムと同様です。

私達は地球人類の好き放題な生きかたと、社会のありかたを懸念しています。地球人類は、人種、宗教、民族の争いを際限なく繰り返しています。とくに大国が進めている戦争はいけません。戦争はいかなるものでもいけません。『聖戦』などというものはないのです。テロの根本原因は『無学と貧困、社会の平等性のなさ』からきています。地球からテロ行為と戦争をなくするためには、この根本原因をなくさなければなりません。地球人類は人間としての生きかたと、社会のありかたにおいて大方の方針を誤っているのです。私達の星の社会においては、『全体への奉仕』という『愛の奉仕行動が社会の基本』にあるのみです。『地球人類の競争制と私達の平等性』この違いが人間と社会の進化に大きく作用しているのです。このままでは地球人類は戦争により自ら滅び、地球は再生の力を失ってしまうでしょう。それを防ぐために、私は剛史をここへ呼んだのです。私達の社会を見てもらい、地球人類の社会のありかたと生きかたを変えるように、運動してもらわなければなりません。といっても、自分の見たこと、体験したことをそのまま書いてくれればいいのですから、難しく考えないでくださいね」

「行くところ、行くところで同じことを言われます。でも、私にはそういう才能がありません。本なんて書けませんし、まして約束なんてできません」

「そのときが来れば、剛史は必ず書くようになるのですよ」

「……それにしても、海底都市だというのに、中は昼のように明るいし、空気もふつうにあるのですね。地上の都市と同じような生活ができて、しかも公害の出ないシステムが確立されているなんて、科学レベルの高さに驚くばかりです」

「ここはプレアデス星の都市のひとつにすぎません。さあ、これに乗って。論より証拠ですからね」

パールリは自走機に宇宙太子と私を乗せた。しばらく走った後、パールリは「剛史、見てください」と上を指差し、「どうです、ここが海の中であることがはっきりわかるでしょう」と言った。ドームの天井は透明で、魚や海の生物達が元気よく、気ままに活動している様子が見えた。都市には海洋牧場があった。

「ここでは食糧にするさまざまな魚を、小、中、大型に分けて養殖しています。海洋都市は地上の農場から穀物、野菜、果物を送ってもらう代わりに、養殖した魚を加工して地上の都市へ送っています」

自走機に乗りながら見る海はこの世のものとは思えないほど美しく、楽しくて、いつまで見ていても飽きなかった。私はある疑問が浮かび、パールリに聞いてみた。

地球人類の『欲望のありかたと節度』

「争いや戦争がいけないというのはわかります。聖戦というものはないということもわかります。でも、よその国から攻撃されたらどうでしょうか。黙って相手のなすがままになっているのですか。相手に暴力を振るわれたときに、黙って耐え忍ぶというのでしょうか。それでは国が滅びますし、人々は傷つき、場合によっては殺されることもあります。それでも黙って手を出すなと言うのですか。それから、プレアデスでは動物を屠殺しないということですが、海の魚は養殖して食糧にしていますね。動物を食糧にするのは悪くて、海の魚はいいのですか。それらの違いを教えてください」

「剛史は成長しましたね。鋭い質問をするようになりました。最初の質問ですが、私達の社会には人を攻撃する人は誰もいません。プレアデスは地球よりも大きく、人種も数種類存在しますが国境はありませんから、よその国から攻められることはありません。人にいやがらせをしたり、攻撃したりも一切ありません。地球人類の社会においては人に責任をなすりつけ、自分は責任を逃れようとする風潮が強いようですが、私達の社会では、人を傷つけるくらいなら自分が犠牲になるでしょう。人を責めるくらいなら自らがすすんで責任をとるでしょう。それで間違いを犯したからと言って誰も責めません。

次に、私達が動物を飼育して食糧としないのは、動物が人間についで生命体の格が高いからです。魚はまだ知恵がそれほど発達していないため、人間に恨みを持ちません。生命体は、自分が成長するために必要な物を、自然から食することを神に許されています。だからと言って、人間が自然を荒らし回り、資源を涸渇させてもいいわけではありません。私達は自然状態をよく観察し、養殖でコントロールしながら、必要な分だけをとります。地球人類は植物、動物、鉱物など、なんでも必要以上にとりすぎ、資源を涸渇させています。必要以上に物を作り、消費し、ムダに廃棄しています。その段階で大量の公害を撒き散らしては、自然環境の破壊を繰り返し、汚染し続けています。問題は地球人類の『欲望のありかたと節度』にあるのです。頭の良い人間を含めて、強い人間だけが得をする社会制度を確立しているからです。強い者は力にまかせて何でも独占し、物を必要以上に集めています。それが生活の格差を生み、争いの原因を作り、物を涸渇させる原因となり、際限のない物欲と汚染につながって、人間を死のふちへと追いやっているのです。そのすべての元凶が貨幣制度であることはすでに話しましたね。

この宇宙は地球人類だけに知恵を与えているのではありません。大宇宙にはたくさんの知的生命体が存在しているのです。地球人類は宇宙人としての目覚めが必要であり、物事に対する価値観を変えなければなりません。エゴの心を排除し、正しい目、正しい価値観、正しい欲望を持つように努力しなければなりません。

私達は魚だけでなく、海の資源をムダなく最大限に活かしています。海水を分解してさまざまなミネラル、栄養素を取り出し、それらをさらに調合して食料品や工業用品を作っています。海水を真水にしたり、海水を利用して電気を起こしたりもしています。陸地の水脈を通って海底から湧き出ている真水も、飲料水やさまざまなことに役立てています。それらについての一連の流れをコントロールセンターに行ってお見せしましょう」

私はパールリ達と自走機に乗って都市を走り回った。景色の美しさに酔いしれていると、すぐにコントロールセンターへ到着した。このセンターでアクーナの全都市機能をコントロールしているという。オペレーターや専門家がたくさんいて、それらの流れを見せてくれた。農場の配送センターのときと同じく、実際に現場へ行ったような感覚で体験学習ができた。

海水からさまざまな物を取り出していく装置や設備では、まず海水を吸引する漏斗《ろうと》弁が開き、太い管に入って、その太い管から何十本もの管に枝分かれして、網板状の盤へ流れていた。網板状の盤は何重にもなっており、それをくぐって下の槽に流れている。この盤はそれぞれ塩分やミネラル濃度が違い、盤からさらにミネラルやさまざまな物質を取り出す何百、何千、何万もの海水分離分解装置、化学物質抽出設備装置につながっている。それらはさらに別の装置や設備につながっていて、取り出した物質を調合して、さまざまな物を製造していくのである。ちなみに、これらの槃をすべて透過して、いちばん下の槽に溜まる水は、純粋な真水に生まれ変わっているのだという。

「海水を分解していく段階で、塩分やミネラル、酸素、炭素、真水を取り出して、海底都市の生活に使っています。海の生物や海底の物質などからも、食料、薬品、工業用品などさまざまな物を製造し、生活に役立てています。生活汚水や廃棄物を完全分離分解し、自然に還元していく設備もありますよ。これらの設備は陸地の設備につながっていて、陸地でさらに精査しながら用途別に分けられ、完璧な形で自然に還元されます。人間や他の動物が出す生活ガスについても、細大もらさず化学的に分離分解し、再調合して生活に役立てています。ここでは、空気、温度、湿度や、気圧、太陽エネルギーの問題も、人間が感じる以上にロボットや機械、設備そのものが敏感に感じとり、それらを自動調節していくので安心して生活していられます。その安全機能は何十にも保護されており、何十年先の事態まであらかじめ見越して知らせることもできる、自己再生型の修理システムなのです。このように、さまざまな装置や設備が全体機能につながっているアクーナの都市は、まさに生物として機能しているといっていいでしょう」

私はひとつひとつを体験学習するたびに、「素晴らしい!」を連発していた。最後には「アクーナの都市は素晴らしい都市です。私にとっては、神の都市のようです、パールリ!」と叫んでしまった。

そんな私の様子にただパールリは笑うだけだったが、海中散歩に連れて行ってくれるというので、宇宙太子といっしょにプールへ案内された。このプールはアクーナの都市へ出入りするためのステーションであり、都市にはこういう場所が何ヶ所もあるらしい。待っていると、いつの間にかプールに巨大な魚が近づいて来るのが見えて、私は思わずあとずさった。ところが、その魚が突然浮上してきたかと思うと、目の前でぴたりと止まり、口を開いたのである。おまけに「さあ、どうぞ」と声がかけられたので、私は二度びっくりしてしまった。「さあ、急いで乗ってください」とパールリが私をせかし、自分から先に口の中に入った。中へ入ってみると、魚の頭部に十人くらいが乗れる構造になっていた。やがて、魚の口が固く閉まった。パールリが運転席に着いた。

「この乗り物は魚の機能を応用した海中船になっています。表の皮は鮫皮のように、海の水を柔軟にはじいて泳げるようになっています。泳ぎかたそのものも魚のようですよ。さあ、行きますよ、出発！」

パールリが命令を与えると、プールから船は勢いよく飛び出し、太い通路を通り、私達が来るときに入ってきたラッパ管から勢いよく海中に飛び出した。そして、海中を泳ぎ回ったが、この船はたしかに魚のような泳ぎかたをするのだ。アクーナの都市は宝石をばら撒いたように美しく輝き、海いっぱいに広がっていた。さまざまな魚や海の生物達が、色をなして泳ぎ、踊っている。尽きることのない美しさだった。

年齢別に集団生活をする学校教育

海中船は都市をひと回りしてステーションに帰還した。私は気になっていたことを質問してみた。

「子供達が見あたらないようですが、どうしたのでしょう。アクーナには子供達がいないのですか」

「そんなことはありません。地球人が学校と呼んでいるところにちゃんといますよ。プレアデスの社会では、子供達を集団生活させながら教育しているのです。日常生活から学ばせ、自分の考えで何でもできるように育てるのが目的です。親も自分の子供を学校で集団生活させることによって、安心して社会への奉仕ができるのです」

「ここには身体や脳に障害があったり、神経系統に異常があるために体の自由がきかなかったり、集団生活についていけなかったり、という子供はいないのですか」

「そうですね。私達の医学はたいへん進歩していて、障害児は生まれて来ないようになっています。妊娠の初期段階で、異常がある場合はすべてわかります。その場合、人になる前、卵のうちに分離し消去されます。何故なら、その結びつきは、正しい結びつきでなかったからです。このほか、中期段階においても医学的ほどこしを完璧に行い、障害児の生まれない対策と選択がとられています。これは人間性を欠いた冷たいシステムだと思われがちですが、むしろその逆なのです。人間であればこその賢明な選択です。重い障害を持って生まれて来た場合、本人は『生まれて来ないほうがよかった』という苦しみを生涯背負って生きなければなりません。また、親兄弟が社会に多大な負担をかけるだけで終っていく生命ともなってしまいます。そういう命であれば、初期、中期段階でその苦しみを消してやったほうが、人道的な施しになるのです。地球人類はこれらを、人道的でなくモラルに欠ける行為として大騒ぎし、問題視するでしょうが、プレアデスの社会においてはごくあたり前の選択です。

そういうことを、モラルがどうのこうのと騒ぎたてる地球人が、一方で、いとも簡単に人をあやめ、そして限りなく争いや戦争を繰り返す、この事こそが、まさに地球人のモラルが問われてしかるべき問題でありましょう。そのようなモラルのあり方こそが、地球人の進化発展をいたずらに妨げている要因でもあるのです」

「障害児が生まれて来ないのは素晴らしいと思いますが、生まれたあとに何かの事情やショックにより、障害者になる人はいないのですか。たとえば、僕のように、突然の事故で左腕を失くすといった人はいると思うのですが」

「もちろん、プレアデスでも後天的に手足を失う場合はあります。でも、ほとんどもとに戻りますよ。もとどおりに成長するまでには、部分によっては少し時間のかかる場合もあります。その人の細胞を利用して、失った部分を成長させる方法ですから。蜥蜴《とかげ》の尻尾を切っても、またしばらくすれば尻尾がちゃんと伸びてくることや、蟹や蝦が手足を千切られても、しばらくすると再び生えてくることからヒントを得て、医学に応用したのです。生命に関することは、自然界にすべてヒントが隠されているのです。私達は自然界の生命のありかたを解明し、それを人間の生命にも応用できるように、日夜研究を重ねているのです」

「どうりで障害者が見当たらないわけですね、納得がいきました」

「では、子供達が集団生活をしている学校を見学に行きましょうか」

私達は自走機で海底都市を走り、学校にたどり着いた。校長のパトリヤへ挨拶に行くと、パトリヤは歓待してくれた。

「今日は剛史に会えて本当にうれしく思います。さあ、さっそく学校を案内しましょう」

歩きながら説明してくれたところによれば、プレアデスの学校も地球と同じく、年齢によってクラス分けされているらしい。三〜十五才まで十三段階に分けられ、十六才以上からは専門の研究クラスとなる。八才以上からは社会への奉仕が義務づけられ、学校内の日常生活において教育の行程が組まれているという。

「我々は『子供達はプレアデス全体の宝である』というとらえかたをしています。ですから、地球人類のように我が子だけを大事にするという扱いはしません。自分の子も他人の子もみな同じです。子供達に集団生活をさせるのにはわけがあります。小さい子供のうちから、社会全体への愛の奉仕行動を植えつけるため、責任感を持たせるため、そして社会における自分の存在感を意識させるためです。学校を卒業する頃にはプレアデスの永遠の精神となっている、助け合い、協力、奉仕の精神が芽吹き、それぞれの得意分野において社会への奉仕が発揮されていきます。三～六才までは指導員と上級生達がつきっきりで面倒を見ますが、七才からは自分の意思で行動していかなければなりません。指導員や上級生からアドバイスを受けながら、学業や日常生活をこなします。離れて生活しているから親子の縁が薄いとか、愛情がなくなるということはなく、むしろ逆で、親子の愛情は前にも増して強くなっています。地球人類のように、いつまでも親離れや子離れができなかったり、親兄弟が憎しみ合って殺人事件が起きたりといったことはありません」

「集団生活についていけない子供はいないのですか。たとえば、勉強についていけないとか、いっしょに日常生活をこなせないとか、仲間はずれにされるとか、いじめにあうとか、そういうことはないのですか」

「地球で生活していた剛史からすれば、もっともな質問ですね。ここでは仲間はずれやいじめはありません。みんなで助け合い、協力して何かを成し遂げるというのがプレアデスの社会であり、永遠の精神なのです。クラス別に子供達を見て回りましょう」

パトリヤが先に歩き出し、私と宇宙太子についてくるようにうながした。やがて、ひとつの教室に静かに入りながら、「ここは一年生（三才児）の教室です。今、全員に知識を植えつけているところです」と言った。小さな子供達は頭にヘルメット状の物体を装着し、前の画面を見ながら勉強をしていた。

「こんな小さなうちから無理につめ込んだら、精神異常にならないでしょうか」

パトリヤは笑いながら答えた。

「いいえ、大丈夫です。私達の教育法は長年の研究により、そうならないように年齢に合ったプログラムが組まれていて、子供達が楽しみながら自然に知識を身につけられるようになっているのです。一日、一週間、一ヶ月、一年のカリキュラムが無理なく組まれています。とくに学問的な知識以上に、心の問題を重要視しています。学問的知識は年齢に応じて脳の記憶にレコーディングさせますが、心の問題は体験で身につけさせていくのがいちばんです。そのために、日常いろんなことを体験させるべく、学業の中に奉仕を義務づけています。隣人を愛し、他人を愛する重要性を教え、助け合い、協力、奉仕の心を知らず知らずのうちに身に染み込ませていきます。これらは十三年の行程で完璧に仕上がるようになっていて、ゆるぎないプレアデス人の精神として息づいていくのです」

「学校に入ったら、卒業するまで家へ戻れないのですか。親子は会えないのですか」

「いいえ、月に一度は家へ帰れます。必要に応じていつでも会えますよ。ただ、学校は子供達にとってとても楽しいところなので、彼らは家へ帰ってもすぐ友達のいる学校へ戻りたがるのです。地球の学校と我々の学校とでは、教育課程と環境において大きな隔たりがありますね。おそらく、地球人類の子供達にとって学校とは『自分に苦痛を与えるところ』でしょうが、プレアデスの子供達にとっては『自分の家にいるより楽しいところ』なのです。環境もよく、友達もたくさんいて、楽しい体験もでき、指導員や上級生達のもとで学べるわけですからね」

知識はレコーディングマシンで脳に記憶

「うらやましいですね。こういう学校で学んでみたいものです」

「地球人類は学問的知識を覚えるのに、もっぱら暗記力に頼るようですが、我々の社会ではそのような苦労はしません。先ほども言いましたが、脳に記憶を植えつけ、脳に知識をレコーディングしていきます。年齢別にレコーディングの種類、量も決められています。そのために、図書館にはあらゆる分野の知識がつまったチップがそろっています。チップをレコーディングマシンにはめて、知識を脳に流し込んでやるだけで、物理なら物理の知識が記憶されます。剛史も体験したように、実際にその現場に行ったような生の記録として脳に刻まれていくのです。我々の科学においては、人間の脳の記憶を消すことも、記憶を与えることも自由にできます。人間はひとりひとり個性があり、性質が違いますから、年齢とともにだんだん自分の得意分野ができてきます。やがて、普通課程をこなしながら、得意分野をより深く学び、将来はその分野で社会に奉仕するわけです。得意分野には飛び級があり、自分の能力に合わせて進んでいけます。

　このように、プレアデスの子供達にとっての勉強とは、とても楽しいことなのです。学校や勉強は楽しめなければ能率も上がらないし、せっかくの時間がムダになってしまうでしょう。この画期的な科学的教育法により、我々は加速度的に進化しました。そして、ひとつの生命の羽ばたく時間が伸びたのです。まさにそれは、医学と科学が自然を解明していった結果のあらわれなのです」

「地球人から見たら夢の科学ですね」

「地球人も心のありかたを高めていけば、いずれ我々の域まで進化は進んでいくでしょう。我々の仲間がいろんな場所で説明したように、隣人を愛し、他人への愛を最重要とし、助け合い、協力し、奉仕する社会をうち立てればよいのです。その第一歩として、地球人類はこの貨幣経済の競争社会から一刻も早く脱却しなければなりません。さあ、次は五年生（七才）の教室を見学しましょう」

パトリヤのあとについて五年生の教室にそっと入ると、生徒達はやはりレコーディングマシンをかぶり、前の画面を見ていた。私達が後ろの席に座ると、パトリヤが「さあ、これを頭につけてください」と言って、同じものを渡された。私が頭に装着してみると、そのとたん、頭の中に宇宙の知識がどんどん入ってきたのである。それは脳に心地よく染み込むような感覚であった。画面にはやがて、地球が映し出された。さらにクローズアップされて日本列島が映り、さらに東北地方、私の住んでいる村、そして私の家まで映ったので仰天してしまった。祖父母や母はもちろん、弟や妹達が庭で遊んでいる姿までがリアルな映像で現れた。私はここから呼べば聞こえるのではないか、という錯覚に陥り、思わず弟達に向かって「おーい」と話しかけたほどであった。この映像を見たせいか、急に地球が恋しく感じられた。それから映像は別の星の旅へと変わった。さまざまな星の生物達を見た。爬虫類、魚類、鳥類、昆虫などから知恵ある人間に進化した生命体などである。それらがひと通り終ったとき、生徒達がレコーディングマシンを頭からはずし、私達がいる後ろを向き、いっせいに言った。

「地球の剛史だ！　こんにちは！　私達の学校を見学に来たのですね。遠いところからよくおいでくださいました」

初めて会った子供達が、流暢な日本語で挨拶したので驚いてしまった。

「みなさんこんにちは。歓迎してくれてどうもありがとう。みなさん、日本語がうまいのですね、どこで覚えたのですか」

彼らはいっせいに言った。

「レコーディングマシンで覚えたのです。私達はみんなこれで知識を蓄えるのですよ」

「みなさんは今、僕と初めて会ったのに、僕を知っているようだけど、どうしてかな」

「私達はレコーディングマシンで何でも知ることができるのです。レコーディングマシンを使えばわからないものはありません。わからないとすれば、この世を創造した神様がどこから来たのかということぐらいでしょう。それに、私達の脳は地球人と違って、近くにいる相手の意識が伝わって来るのです。だから、剛史が地球から来たことがすぐにわかったのです。魂の進化を遂げた私達の脳は、受信、発信ができる便利な脳に発達しています。そのおかげで、脳による意識と意識だけのテレパシー会話ができるほどに脳が発達しました。神の方向性に向かって、神に近づくように進化し続けているのです」

彼らはまるで子供らしからぬ説明を、日常会話でもしゃべるように話した。私は、こんな小さな子供達が地球の大人以上の認識で話すのを聞いて、プレアデス人の進化の度合いは半端なものではないと感じ取った。

「地球人とプレアデス人との進化の差は、何百万年、何千万年、あるいは何億年の差があるのかもしれませんね。本当にプレアデス人、そしてプレアデスの社会は素晴らしいと思います。地球人も早くプレアデスの科学と社会にまで到達できるようになりたいです。でも、疑問があります。プレアデスの人達はあらゆる面で地球人よりはるかに進歩した科学や社会を構築しているのに、どうして地球人に対して隠しごとをするようなつき合いかたをするのですか。もっと堂々と、それぞれの国の要人にアプローチしてみてはどうですか。私のような力のない個人に接触しても、得るところはないと思うのですが。プレアデス人は地球人にもっとオープンになってもいいのではないでしょうか」

この質問には、パトリヤが答えた。

「剛史の疑問と考えはもっともだと思います。でも、我々が調査した限りでは、現在の地球人はあまりにも攻撃的すぎ、あまりにも疑い深すぎるのです。とうてい我々を受け入れてくれないでしょう。大国、国の要人、科学者であればあるほど、受け入れないでしょう。我々が仮に、剛史の言うように政府の要人に接触しても、彼らは我々をだましてどこかに監禁し、我々の宇宙船や他の機械を奪うでしょう。そして、プレアデスの科学を自分達のものにしようと、その機械を分析しようとして、分解し、壊してしまうでしょう。そして、生きた我々をも何らかの実験材料に使おうとするでしょう。ですから、まだ地球人類には我々プレアデスの科学は与えられないのです。それに、もし地球人類のどこかの国にプレアデスの科学を与えると、その国はその科学を使って他国を征服することを考えるでしょう。地球人は我々の科学を戦争の道具としてしまうのです。地球人類の争いや戦争の絶えない社会にあっては、とうてい我々の科学は与えられません。もし地球人類がプレアデスの科学を手に入れたいのなら、まず心のありかた、人間の生きかた、社会のありかたを変えなければなりません。『助け合い、協力、奉仕が基本となる社会』を形成しなければなりません。『他人を愛し、奉仕を基本とする社会』にしなければなりません。人間は知識を得ることも必要ですが、それ以上に『心のありかた』が重要なのです。その心のありかたが、地球人はあまりにも幼稚でありすぎるのです。

したがって、我々は地球人に対してアドバイスはしても、科学を与えることはしません。地球人が我々のアドバイスにしたがって、魂から進化を遂げ、争いや戦争のない社会を構築できたとき、初めて我々は安心して、地球人と交流し、我々の科学も一部地球人に与えるでしょう。それまでは、我々は地球人に多少のアドバイスはしますが、それ以上はしません。自然の掟に反することだからです。地球人が魂の進化を遂げられるかどうかは、まさにこれからの地球人の心のありかたにかかっています。

高度に発達した文明を持ちながら、その生命が魂から進化の脱皮ができず、自らの星を住めないほどにまで汚染し、破壊し、星の崩壊とともに自ら滅亡していった例はたくさんあります。地球人類は我々のアドバイスの中から、また、自分達が経験してきたことから、自分で気がついて心を改め、神の方向性に向かって、進化、発展していくように努力しなければならないのです。そのために、剛史に我々の星の社会を見学、体験してもらっているのです。心のありかたを変えていけば生きかたも変わります。社会のありかたも徐々に変わっていくでしょう。まず、ひとりひとりの人間が行動を起こさなければなりません。行動とは、『助け合い・協力・奉仕』であり、『愛の奉仕行動を基本とする社会』を構築することなのです」

「でも、今の地球人類が僕の体験を信じてくれるとは思えません。僕がこの体験を発表しても、誰もまともに扱ってはくれないでしょう。おかしな人間だと笑われるのが関の山です」

「おそらくはそうでしょうね。今の地球人類は競争社会の中にあって、自分のことしか考えられない人間になっていますから、そのエゴの殻を破るのは容易ではないでしょう。でも、剛史はその道をつけなければならないのですよ。そのために私達は剛史を選んだのですよ。私達はいつも見守っていきますよ、剛史が忘れているときでも」

パトリヤは愛情を込めて言ってくれた。

進化した子供たちとの会話

続いて、八年生（十才）が奉仕作業をしているところへ案内された。鉢にさまざまな植物の苗を植えているところであった。指導員と上級生達のもとで上手に植えられていた。その鉢花はさまざまな施設、事務所、会場などで利用され、ときには子供達がその鉢花を持って、病院や老人施設を慰問に行くこともあるらしい。病院や老人施設は本人の持つカード（チップ）があれば、本人の意思で自由に出入りできるのだということ。

「プレアデスでも突発的な事故による怪我や病気、手足の骨折もたまには起きます。でも、今のプレアデスの医学ではほとんどの病気や怪我は完全に治ります。地球の病院での治療は、拒否反応やアレルギーが起きたり、病巣を体に残したり、醜い疵跡や後遺症が残ったりといったことが多々見受けられますが、そのような治療は一切していません。ただ、プレアデスにも老衰はあります。老衰死はどの星人にもありますから、避けて通れません。そのために、老後に安心して死を迎えられるように、老人達が自分の意思で自由に出入りできる老人憩いのホームを作って、楽しい生活を送れるようにしているのです。病院と老人の施設は同じ場所にあり、両方の施設はつながっています。子供達は鉢花を贈るだけでなく、老人達を楽しませるためにいろんなことを考えて病院や老人憩いのホームを慰問します。先ほどもお話ししましたが、プレアデスの学校は学業の中に、社会への奉仕行動が組み込まれています。奉仕行動で学習体験しながら、心のありかた、生きかたを学ぶのです」

「地球の学校では、学問的な知識を得るのに学年別の教科書を使い、それを習うのに辞書や辞典、参考書が必要です。暗記力に頼り、成績主義を押しつけられ、義務教育時代から競争させられて、生徒達はいつも四苦八苦です。試験のたびにビクビクしていますから、のびのびと学ぶことを知らないで育ちます。それにくらべると、プレアデスの生徒達は楽しみながら勉強ができるし、試験に悩まされることもありませんね。そして、楽しみながら社会への奉仕体験の学習ができるなんて、本当に素晴らしいです。ところで、プレアデスの学校には体育の時間はないのでしょうか」

「体育や運動の時間はちゃんと設けてありますよ。とくに伸び盛りの子供達には運動が必要ですからね。また、自分の好きな運動をすることは、ストレスの発散、解消にもつながります。体育や運動をしている現場へ行きましょう。十一年生（十三才）達が運動をしているところです。私についてきてください」

やがて、大きな体育館に着いた。ここは子供から大人まで楽しめるスポーツセンターだという。さまざまな運動やスポーツをしているたくさんの子供達の姿があり、みんな嬉々として自分の好きな運動をしていた。準備運動をする者、二組に分かれてボールを使って楽しむ者、何人かで走っている者、二人一組で楽しむ者、ひとりで運動器具を使って楽しむ者、さまざまな姿があり、自由だと感じられた。彼らの笑顔は健康そのものであった。

「スポーツや運動に入る前に、必ず準備体操をするのは地球と同じですが、あとは自分の好きな運動やスポーツをさせています。そこが地球人と違うところですね。また、地球のようにスポーツにおいてプロとアマの区別がありません。我々の社会には貨幣経済が存在しませんから、プロスポーツは一切存在しないのです。スポーツや運動は子供達の成長をうながすためのものであり、大人にとってはストレス発散や健康維持のためのものです。子供達には過酷な練習はさせません。地球人のように極限を越える肉体の練習は、そのときは鍛えられたように感じられますが、肉体の各所を消耗してしまいますから、あとで後遺症が出たりするものです。地球の学校の先生は、生徒達にとって何よりも怖い存在でしょうが、我々の学校の指導員達はあらゆる面に渡って指導するとともに、生徒達の良き相談役でもあります。ある意味で親よりも親密な相談者であり、生徒達に好かれる存在です。そこが地球とは大いに違うところです。成長と健康と娯楽のため、本人が楽しみながら行うのが我々のスポーツなのです」

しばらくすると、ある音楽が流れだした。すると、生徒達はいっせいに自分の運動を止め、「地球の剛史だ！　こんにちは！」と叫んで、いっせいに私達の回りに集まってきた。私は賞賛の言葉を贈った。

「みなさん、こんにちは。あなたがたの社会は素晴らしいですね。あなたがたは神の目的に向かって、素晴らしい進化を遂げた星人なのですね。うらやましい限りです」

すると、子供達はたんたんとしてさわやかに答えた。

「どうもありがとう。私達は自然をとても大事にして、畏敬の念を抱いています。私達の進化は自然の解明と大きく関わっています。自然をよく観察し、科学的に追求、解明していき、それを社会生活の中に科学的に応用することにより、神の目的にかなった進化を遂げられているのだと思います。人間は自然を大事にしながら、自然から学びながら、共生しつつ、人間自身の生きかたと心のありかたを正しい方向に持っていくように努力しなければならないと思います。この大宇宙の中には、科学の発展に、人間の心の進化が伴わず、アンバランスな進化となり、自ら滅亡していった星人がたくさんいます。ですから、人間の進化には科学の発展とともに、生きかた、心のありかたの進化が重要だとわかります。人間は知識を得るのも大事ですが、それ以上に心のありかたのほうが重要です。我々の社会は百パーセント隣人を愛し、『誰もが平等に平和に暮らせる社会』が確立されており、『愛の奉仕行動を基本とする社会』が構築されていますが、地球社会はそうではありませんね。表面的には平等な法のもとにあるようですが、その根本はあらゆるものが競争になっていて、格差、差別を生み、エゴの塊の人間を排出する社会構造になっています。これではいけません。百パーセント隣人を愛する社会を形成しなければなりません。

今の地球人類は心のありかたがとても遅れています。私達と同じような社会を望むなら、地球人はこの心のありかたを大改善していかなければ、バランスのとれた進化を遂げられないし、地球人類は自らの手によって滅亡への道へ突き進むことにもなるでしょう」

彼らは大人顔負けの講義をごくふつうに、よどみなく話した。私はただ感心して聞き入るばかりであった。パトリヤが言った。

「時間がありません、先へ進みましょう。次は十三年生（十五才）達のところへ行きますよ。さあ、私についてきてください」

彼が先に歩き出すので、私は生徒達に「みなさんさようなら、とても参考になりました。みなさんとまた会えればいいね、それじゃ！」と挨拶してパトリヤに従った。彼らも挨拶を返してくれた。

美しい音楽と融合する技術

しばらく歩くと、あるホールに着いた。

「ここは音楽堂です。音楽を楽しみながら勉強するところです。今、さまざまな楽器を使って、誰かが作曲したものをみんなで演奏しているところです」

六十人くらいの生徒達が思い思いの楽器を手にし、輪になって、演奏に夢中になっていた。それは宇宙の音楽のようで、とても神々しく、魂をゆさぶるほど奥深い音楽に感じられた。私は椅子に座って聞いていたが、心が癒されるとともに、体がとても楽になっていくのを実感した。

「私達の音楽は心を表現し、心を歌い上げ、心身を癒すためのものです。地球の音楽の中には、ただ粗雑な荒々しい音を出すだけの、とても音楽とは認められないものがありますが、私達の音楽は心を唄い上げる魂からの音楽です。音楽で病気を治すこともあります。ここで注意しておきたいのは、心を唄い上げると言っても、それは個人の心に限定されないのです。私達の心とは、ありとあらゆる物の心です。神、宇宙、ある星、自然界のありとあらゆるもの、未来創造、過去へのつながりの宇宙の源、人間に関わるすべてのもの、それらすべての心のことです。そのものになりきって、唄い上げるのです。存在するすべてのものには、意識、感情、心があると私達はとらえています。今では、私達の脳はひとつの石ころの感情さえも感じとれるほどに、進化を遂げました。それは私達がつねに心のありかたを第一義に考え、重要視し、行動してきた証《あかし》でもあるのです。神の目的にかなった行動をしてきたことの証である、と言えば、ぴったりくるのかもしれません。人間の個人的欲望を捨て、『他人を愛する愛』を高めていった結果、『愛の奉仕行動を基本とする社会』を構築できたのです。それによって、私達の進化は科学の発展とともに加速していき、宇宙の観察、調査、大宇宙旅行へとつながっていったのです。

しかし、私達が人間の中でいちばん発達し、進化した知的生命体ではありません。私達よりもはるかに進化した知的生命体は、この大宇宙の中にたくさん存在していいます。それは神に近い存在と言ってもいいでしょう。もはや肉体の存在を必要としない生活を送っており、必要なときにだけ、私達のレベルにまで下げて、私達の前に姿を現わしてくれるのですよ」

生徒達の演奏を聞けば聞くほど、自分の肉体が魂の底から心身ともに癒されていくのを感じた。自分の本体がどこかへ抜け出し、気持ちよく遊泳しているような感じにうっとりした。やがて演奏が終ると、生徒達がまた集まってきた。

「私達の演奏はどうでしたか。今演奏したのは私達が作ったもので、仮称ですが、『宇宙への旅立ち』という曲です」

私は率直に言った。

「素晴らしい演奏でした。僕は心身が癒されていくのを感じました。地球ではこれほどの演奏を聞くことはないでしょう。名演奏を聞かせてくれてどうもありがとう。あなたがたはみんな天才なのですね」

すると、生徒達はさりげなく答えた。

「天才だなんてとんでもありません。私達はみんなふつうの生徒です。大人の指導員にしたがって、将来、社会の一員として立派に活動できるように、知識や奉仕、そして人間としての心のありかたや生きかたを勉強している一生徒にすぎません」

しばらく話したあと生徒達は席にもどり、ふたたび演奏をはじめた。音楽堂にはたくさんのパネルがあり、それは音によってさまざまな画像に変化していた。グラフ状だったり、たくさんの点が点滅したり、さまざまな色や形に変化したりしていた。その音楽の感情とでも言えるものが、ビジュアルで表現されるらしい。圧巻は中央のパネルであった。そこでは音楽を聞いていた人が、音楽のテーマに溶け込んで、パネル上の人物になってしまうのだ。たとえば、宇宙を表した音楽なら、その音楽の表現する宇宙へ入り込み、実際に自分が宇宙を遊泳しているような感情を体験できるのである。音楽とその人の想像力、感情力があいまって、ひとつの物語が形成されていき、中央のパネルに集約して表現されていく。つまり、その人が主人公となって感情が表現され、パネル上にあらわれるという不思議な音楽堂なのである。私が音楽に酔っていると、パトリヤが言った。

「剛史、もう時間がありません。帰らなければならないときが迫っているようです。さあ、ここを出ましょう」

私は立ち上がり、「生徒のみなさん、今日は私のために素晴らしい音楽をありがとう。私はこの体験を生涯忘れないでしょう。みなさんの栄光を祈ります、さようなら！」と心の中で声をかけて、右手を大きく振った。すると、私の心が届いたようで、中央のパネルに、日本語で「私達は剛史の成功を祈っています。さようなら、また会えるといいですね」と大きな字幕が流れた。私は字幕に向かって、「どうもありがとう」と一礼し、急いでパトリヤと宇宙太子のあとに続いた。宇宙太子が言った。

「剛史は母船に乗るときが来たのです。家族や村の人達が総出で剛史を捜している、と指令センターのほうから情報が入ってきました。小型宇宙船に乗り替えて、アクーナの都市を去らなければなりません。まだまだ見せたい施設はあるのですが、今回はもう時間が残されていないようです。またいつか、機会をつくって宇宙旅行をしましょう。次回にとっておくこともまた、人生の楽しみというものです」

自走機に乗ってステーションへ着くと、私はパトリヤに別れの挨拶をして、小型円盤に乗り込んだ。

アクーナの都市から飛び出して海上に出ると、円盤は大空へ飛び立った。

「宇宙は素晴らしい。自然は素晴らしい。神の偉大さが肌に伝わって来る感じですね」

すると、宇宙太子も言った。

「そうでしょう。私も宇宙旅行をするたびにそれが肌に感じられ、この世に生まれて来たことへの栄誉を感じ取るのですよ。さあ、これから首都アーラに向かいます。母船が我々を待っているでしょう」

「あなたがたは宇宙科学を駆使して、宇宙人と呼ぶにふさわしい宇宙生活をしているわけですが、それにくらべたら地球人は幼稚で、本当に恥ずかしいばかりです。あまりにも差がありすぎます」

「悲観しないでください。我々の星や生命が、地球よりも誕生するのが少しばかり早かったというだけなのです。地球と地球人類にとっては、これからが大事なときです。地球人類はその大事な時期をクリアーできるかどうか、その瀬戸際に立たされています。剛史は地球人には珍しいくらい進歩した頭脳を持っていますよ。だからこそ、我々は剛史を選んだのです。剛史は人類の救済者になるのですよ。剛史は体験をそのまま本に書いて、発表するだけでいい。現在の境遇に悲観しないでください。剛史はきっと、人類のために何事かを成す人になるでしょう」

「僕には本を書くなどということはできません。だから、そういう約束ができるかどうか……僕は自由が好きなのです。だから、学校で勉強することもあまり好きじゃないんです。自然の中で自由にしているのが、いちばん好きなんですよ」

「そうでしょう。私もそうなのです。自然の中がいちばんいいですよね。自然は人間の心を癒してくれますからね」

「僕達の地球の学校は強制的で詰め込み主義です。おまけに、社会はすべてが競争で、なんでもかんでも試験、試験です。そういう教育のありかたが、エゴ人間、エゴ社会をつくり出しているのですね。プレアデスの教育とはほど遠いですよ」

「たしかに我々の学校、勉強のありかたは、子供達が楽しみながらできる仕組みになっています。だからといってすぐ地球のありかたを変えることはできませんから、その星の社会のありかたの中で学び、正しい方向に、神の方向性に向かって覚醒していかなければならないでしょう。その過程として、進化の進んだ星の星人にアドバイスを受け、参考にして、自分の社会に修正を加え、正しい方向に持っていくことは、大いにいいことだと思います。地球人類にはこんな言葉がありますね。『親が子供に一生懸命、ああしろ、こうしろと言っても、その子供が言うことを聞かなければどうにもならない』、まさにこれと同じで、我々が一生懸命、地球人類にああしたほうがいい、こうしたほうがいい、とアドバイスしても、それをどうとらえ、どう感じ、どう判断するかは、あなたがたの心にあるのです。それ以上の関与は我々にはできません。人間は、物事を正しくとらえられるように本性を正しく磨き、真理を探究し、正しい方向へ向かわなければならないのです。我々がどうしてくれるかの問題ではないのです。地球人は地球人の判断で正しい方向へ進まなければなりません。滅亡へ向かってひた走るのか、神の方向性へ向かって正しく進むのか、地球人はよく考えて行動しなければならないでしょう。

さあ、首都アーラに近づいたようです。画面を見てください」

プレアデス星との別れ

画面に映った輝きは近づくにつれて、宝石が輝きを増すように拡大した。都市全体が夕陽に反射して輝く姿であった。それは荘厳ささえ漂わせていた。宇宙船はその輝きに向って突っ込んでいく。近づくにしたがって、各ドームの輝きが増した。私は「なんて美しいんだろう!……」と、感嘆一声、絶句してしまった。

「たまらない美しさでしょう。私はこの眺めがいちばん好きなのです。アーラの都市が朝日に輝くときも素晴らしいのですが、夕陽に輝くときのほうがなんとも言えない不思議な美しさを醸し出してくれるのです。この景色をぜひ剛史にも一度見せておきたかったのですよ」

「僕にとっては一生に一度しかない、貴重な場面となるでしょう」

「剛史、窓から外を見てみてください」

私は助手席から降り、窓にかけ寄って景色を眺めた。アーラの都市全体が美しく黄金色に輝く光景はとてもこの世の物とは思えないほど、幻想的な美しさを放っていた。

「これから宇宙空港へ向かいます。そこからまた母船に乗り、地球へ向かいます。一刻も早く剛史を無事に送り届けなければなりません。今回は駆け足の旅で、剛史にはたいへんな宇宙旅行だったと思います。この次には、ぜひ落ち着いた旅をしてもらいたいと思っています。今回は本当にハードなスケジュールなのに、私によくつき合ってくれましたね。心から感謝します」

「いいえ、感謝しなければならないのは僕のほうです。一生に一度あるかないか、いや、地球人類にはできない貴重な体験をさせていただいて、心から感謝しています」

「そう思っていただければ私も気が楽です。さあ、空港が見えてきましたよ。母船がたくさん並んでいるのが見えるでしょう」

円盤型、葉巻型、芋虫型の母船がたくさん並んでいるのが見えた。近づくにつれ、壮観な眺めとなってきた。

「これから空港へ降ります。よく見ていてください。来るときは葉巻型母船で来ましたが、帰りは円盤型母船で送り届けます」

小型宇宙船は宇宙空港ターミナルビルの屋上駐機場へ降り立った。そこには、市長アーサ、プレアデス星へ来たときの葉巻型母船の船長《シーサ》、ハンサムボーイのスターツ、丸ぽちゃのローズ、スタイリストのリリーが待っていてくれた。そして、「剛史、お帰りなさい」とみんなで迎えてくれた。アーサが言った。

「剛史はもう帰らなければなりません。さあ、急いで指令室へ行きましょう」

まもなく指令室に着くと、アーサは「さあ、中央の画面をよく見ていてください」と言った。彼女が画面に向かって何か指示を出すと、画面に突然、宇宙の光景が現われた。天の川銀河、満天の星々、太陽系の惑星、そして地球、日本、東北とクローズアップされていき、最後に私の故郷が映し出された。映像は家族や村人が総出で私を捜している場面になった。私はそれを見て思わず方言になった。

「うわあ、これはたいへんだじゃ。俺はちゃんとここにいるのに。早く帰ってやらなきゃなんなかべ」

「今回、剛史に許された時間はこれまでですね。私達は急いで剛史を地球まで送り届けます。本当によく私達につき合ってくれました。心から感謝します。そのご褒美と言ってはなんですが、ひとつだけ夢をかなえてあげましょう。剛史が将来こうしたいという希望があったら、ひとつだけ言ってください。できるだけその希望がかなうように私達が応援し、努力しましょう。希望をひとつだけ言ってください。ひとつだけですよ」

「ひとつだけと言われると迷いますね。金持ちになりたい、学者になりたい、世界中を旅行したい、左手が欲しい、美人で優しい女性を妻に欲しい、生涯生活に困らない人間になりたい、本をたくさん読みたい、欲しい物を何でも手に入れられる人間になりたい、政治家になりたい、人を助けられる人間になりたい、人に夢と希望を与えられる人間になりたい……ああ、たくさんあって困りますね。ひとつだけとなると、ありすぎるなぁ」

「そう欲ばらないで、当面こうなりたいとか、ああしてみたいとか、身近な希望をひとつだけ言ってください。地球人の強欲さには際限がないのを私達はよく知っていますから、身近なものをひとつだけ言ったほうがいいでしょう」

「身近なもの、身近なもの……そうだ、日本でいちばん大きい都市で、思いっきり楽しい生活をしてみたいですね。東京で生活してみたいですね」

「東京で生活をしてみたいのですか。いいでしょう、剛史にはいい経験になるでしょう。希望がかなうように、私達が努力しましょう。きっと、剛史は東京から何かを得られるでしょうね」

いつの間にか、指令室には飛び切りの美人が入ってきていた。アーサが「今度の母船の船長のクレオパです」と彼女を紹介してくれた。

「初めまして、剛史、どうぞよろしく」

「初めまして、よろしくお願いします」

「剛史のことは前からだいたい知っていますよ」

クレオパはニッコリ笑った。

「プレアデスではどこへ行ってもそう言われます。地球では名前を知られていない僕なのに、プレアデスでは意外と人気があるようだなあ。本当にどうなっちゃってるんだろう、わけがわからない」

「さあ、急いで母船のところまで行きますよ」

アーサ、葉巻型母船の船長《シーサ》とはここでお別れだった。私は「さようなら。お世話になりました。どうもありがとうございました」と丁寧に挨拶した。つい、涙ぐんで別れの握手を求めると、彼らは「また会えるでしょう、剛史の気持ちしだいでね。だから悲しむことはないのですよ」と言った。自走機にはすでにクレオパ、宇宙太子、スターツ、ローズ、リリーが乗り、待っていたので、私も急いで乗った。「さようなら！」と手を振ると、アーサとシーサも「さようなら！　また来るのですよ！」と手を振ってくれた。自走機でしばらく行くと、交差している傾斜通路が見えてきた。そこを一階まで降り、円盤型の巨大母船までまっすぐ延びた通路を向かうと、自走機に乗ったまま、クレオパが母船に指示を与えた。すると、驚くことに母船の下から口が開き、傾斜通路が降りてきて、自走機の通路とピッタリつながった。そして、私達は自走機に乗ったまま、巨大母船に搭乗したのである。

第4章

地球への帰還

五千人を収容できる円盤型巨大母船

母船のステーションホームに降り立つと、私達と同じような組が、次から次へと自走機でやってきたところだった。彼らはさまざまな星のさまざまな人種であり、多彩な顔と体形をしていた。私達はパブリックホールで休憩をとった。ここもたくさんの星人と人種でいっぱいだった。空いたテーブルを見つけて陣取ると、私を残してクレオパと他のプレアデス人達は飲物をとりに行った。周囲には明らかに地球人と思われる顔が見かけられた。アジア系、ヨーロッパ系、アフリカ系、ロシア系、アメリカ系、ラテン系など、さまざまな人種の顔が異星人に混じって談笑していて、中には明らかに日本人と思われる者もいた。この星へ来るときの葉巻型母船でもそうだったが、自分以外にも日本人は来ているのかもしれないと私は思った。やがて、クレオパ達が飲物を手に戻って来た。クレオパはグラスを私に差し出し、隣に座った。

「剛史、どうぞこれを飲んでください。さっき、剛史が思ったことはその通りなのですよ」

「えっ、何のことですか」

「この母船には地球人は剛史だけではないということです。そしてまた、地球人と同じ系の種は、他の星にもたくさんあるということです。したがって、モンゴロイド系も他の星にたくさん存在しているのです。たしか、今回はもう一人、M・M氏が乗っていると思います」

「うわぁ、僕の心を読んでいたのですか、かなわないなあ」

クレオパは笑い、全員が着席するのを見はからって言った。

「剛史を無事、地球まで送り届けられますように、天に祈り、乾杯をしましょう。剛史の幸運を祈って、乾杯！」

飲み終ると、ふたたび体の芯からイキイキとなってきて、体中に精気がみなぎってきた。クレオパは急いでいた。「もう出発しなければならない時間が迫っています。急いで指令室に行きましょう」と言うと席を立ち、私達についてくるようにうながした。そこから自走機に乗り、展望室兼指令室兼運転室に到着した。クレオパが運転席へ、宇宙太子が左側、私は右側の助手席に座った。「さあ、動かしますよ。よく見ていてください」と言うと、クレオパは母船に頭脳で指示を与えた。すると、母船は少しゆれながら動き、ゆっくり上昇しはじめた。そして、宇宙空港の指令センターの展望室兼指令室の高さで止まり、ホバリングした。すると、指令センターの展望室からアーサとシーサが一生懸命手を振っているのが見えた。私は「さようなら、ありがとうございました！」と心で呟き、大きく手を振って応えた。急に涙が溢れてきて、どうしようもなかった。そのとき私の脳に、アーサの声が強烈に入ってきた。

「剛史、なぜ泣くのです。剛史の得がたい旅がこれから始まろうというのですよ。めでたい門出の日ではありませんか、笑顔で笑って帰るようにしてください。剛史の気持ちしだいでいつでも私達と会えるのですよ。さあ、笑って、笑って！」

私は「どうもありがとう」と心で叫び、笑顔を作って「さようなら、アーサ」と呼びかけた。それを聞いたクレオパは「さあ、出発」と母船に指示を与えた。母船は少しずつ上昇し、スピードを上げた。それから母船に自動操舵の指示を与えると、ひと息ついた様子で母船の説明をしてくれた。

「この母船は、常時五千人を収容する能力を備えています。今回はプレアデスの奉仕員、各スペシャリスト、エンジニア、指導員、一般人、子供達、学者、他星人らを合わせて、総勢で四千人程度が乗船しています。生活のすべてはこの母船で賄えるシステムだということはもう知っていますね。自然エネルギーを利用し、それぞれの必要な部署の必要なエネルギーに調合し、作り変えて最良のものを作り出し、利用しています。シーサの母船もそうだったと思いますが、野菜、果物、穀物などを栽培できる人工農場や魚類の養殖池もちゃんと備えています。水は自然エネルギーを利用して真水に変え、人間の生活によって出される生活ゴミやカス、糞尿、おなら、他のガスなども完全利用のリサイクルシステムが確立しています。艦内の気圧も自動コントロールシステムです。すべての機能がひとつにつながった宇宙船は、まさに生きたひとつの生命体のように働いていて、活動してくれます。私達が眠っていてもちゃんと目的地まで着き、知らせてくれるのですよ。それくらいでないと、重力で歪んだ空間、磁気嵐、電気嵐、ガス嵐、彗星による嵐など、さまざまな大宇宙の現象をかいくぐって航行ができませんからね。

母船は定期的に保守点検と補修を受けながら、地球人類の単位で何万光年、何十万光年、何百万光年、何千万光年、何億光年も、その役目を終えるまで飛び続けます。地球の単位で光速度Cは二、九九七九三×10^8 m／secであり、光は一秒間におよそ三十万キロメートルの距離を進みます。地球の天文単位で言えば、光が一年間に飛び続ける距離は一光年ですね。ということは、私達が属している銀河系の中でさえ、光と同じ速さで飛んでいたのでは、自分が生きているあいだに自分の故郷の星にも戻れないという事態になってしまいます。私達が銀河系の星々を観察しながら何度も宇宙旅行をして、自分の母星に何度も往復している事実は、私達の宇宙船が光よりも速く飛んでいるのをまさに証明しているわけです。光よりも速く飛ぶ科学技術を持たなければ、私達の銀河系内だけでさえ、宇宙旅行などとはおこがましい話だということなのです。宇宙旅行は光よりも速く飛ぶ技術があって初めて可能であり、成り立つものだということをよく理解し、認識しておいてください。今後の剛史の考えかたにとても役立つでしょう。それから、人間の心のありかたや生きかたにも影響があるでしょうね。

地球人類の科学では光がもっとも速く、それ以上の物はないという認識ですが、プレアデスの基本的科学では『光よりも速く進み、光よりも速く飛ぶ科学技術』が常識です。私達はそれをすべて自然から学びました。この世のこと、あの世のこと、すべての問題、それに対する答えも自然の中に隠されているのです。私達はそれをひとつひとつ自然から教えられ、あるいは自分達で発見して、ついに今日のプレアデス科学へ到達し、それを確立できたのです。今回は剛史に、他の知的生命体の星も体験してもらう予定でしたが、残念ながらその時間が残っていません。なんとか、二〜三ヶ所覗くぐらいはできるかもしれませんけれど。さあ、ひとまずは母船を案内しましょう」

私達は自走機に乗り、艦内を走り回った。この円盤型巨大母船の直径は約二・五キロメートル、中心のいちばん高いところで、最高六百〜八百メートルくらいの高さがあり、母船全体の階は何十層にもなっている。各部屋の天井の高さは三メートルくらいで、ここでも壁全体が発光していた。円盤の中心には、とても太い円柱が上から下まで通っている。それが自然エネルギーを吸収し、有用なエネルギーや必要な物質に変える装置であり、母船の心臓部でもあるらしい。その中心から十字形に巨大通路があり、三十～五十メートルおきに、輪状に約十メートル幅の通路が通っているので、艦内が自在に回れるのである。部屋と設備は、ほとんど葉巻型母船と同じだったが、人工農場、人工養殖池、公園、山岳はとくに注目に値するものであった。それらはあたかも自然のように作られ、心が癒されるものだった。その他、エネルギー変換装置、物質調合装置、空調装置、子供達の学校、体育室《スポーツ》、図書室、音楽及び芸術室、食堂を兼ねたパブリックホール（休憩室）、プライベートルーム、シャワー室、トイレ、各設備のコントロールセンター、倉庫、物品配送センター、小型宇宙船や自走機の駐機場、母船の指令センターなどがあった。

クリーンエネルギーの星と核戦争で滅んだ星

ふたたび私たちは指令室の運転席に戻った。画面には母船が瞬間移動をしている様子が映し出されていた。宇宙ジャンプをしながら進んでいるらしい。通常の航行のときは、母船を表示する点が航跡を残して進んでいくのでスピードがよくわかる。宇宙ジャンプをし、光よりも速く飛んでいるときは、母船の点がピッ、ピッと瞬間的に移動して、宇宙マップの中で星の位置が目まぐるしく変わっていく。宇宙船から見た方向が激しく変わるからだろう。宇宙ジャンプで飛んだときは、一瞬、何かをかいくぐるような感覚がある。

クレオパが「これからSRX星を少し覗いてみましょう」と言って、母船の運動を緩めると、ある星の上で停止させた。「この星は爬虫類から知的生命体に進化した星です」との説明だった。クレオパが母船に指示を与えると、画面に映っていた星がどんどん拡大し、やがて地上の都市らしきものが見えはじめた。お椀を伏せたような建物が点在し、そこから人間らしき生命体が出入りしているのが映し出されてきた。ある一組のカップルに焦点が合わされると、顔や姿がはっきり見えた。二人は向き合って話し合っている様子なのだが、奇妙なことにおたがいに舌を出し合い、ペロペロと舐め合っていた。肌には鱗状のものが見えた。

「舌を出して舐め合うのはSRX星人の日常の挨拶です。親しい者同士が会ったときは、すぐに舌を出して舐め合うのですよ。おたがいの気持ちを確認し合っているのでしょう。服装は至ってシンプルで、男女とも上は半袖、下は膝までのタイツ風の服を纏《まと》うのが日常ですが、行事によってその都度、違った服装をするようです。彼らの成長はとても早く、一～二年で親離れします。三年間でさまざまな教育を受けて大人となり、社会で一人前として扱われ、仕事に従事します。平均寿命は五十才くらいですが、ほぼ二十年で一人前の大人として扱われる地球人よりも、四年で一人前の大人として活動するSRX星人のほうが、活動の期間においてはるかに長いですね」

「彼らは言葉を持っているのですか。それから、自動車、汽車、飛行機などの乗物はあるのですか。何か通信手段を持っているのでしょうか」

「ええ、持っているようです。SRX星人は電気を利用するのがうまく、あらゆることに電気を利用しています。地球では石炭や石油で稼動させる工場、機械、乗物が多く、排ガスのために公害がおこったりしていますが、彼らは公害を出さない社会を確立しています。見てください、丸いものがたくさん動いているでしょう、あれが地上の乗物です。それから、空中にも丸いものが飛んでいますが、あれは宇宙船に似た乗物です。プレアデス星のように光よりも速く飛ぶことはできませんが、音速の何倍かで飛べるようですね。クリーンエネルギーに徹していますから、平均寿命も徐々に延びていくでしょう。知的生命体らしくこの星にも言語がありますし、電気と電波を利用した通信手段も持っています。また、テレパシーによる通信手段も開発し、徐々に普及しつつあります。少しずつ良い方向に進化しているようです。

ＳＲＸ星人は母系家族で、一夫一婦制ではありません。子供が四年でひとり立ちすると父親である男性は去り、母親はまた新しい男性を捜すのです。そして、おたがいに愛が芽生えれば、母親はまた子作りをします。その点、とても進歩した社会体系を確立しているようです。男性も女性も、おたがいにひとりの人間に縛られないというのは、とても素晴らしいことだと思います。地球人類のように、夫婦の愛憎、肉親の愛憎から殺し合いが演じられることのない、とてもサバサバした母系社会のようです。これは種による進化した社会体系と言えるものでしょう。その星によって見習うべきものはあるものですね。

この星でも子供達の教育は集団教育です。義務教育を三年間で終了するというのも、とても進歩した教育方法をとっているからでしょう。クリーンエネルギーの観点から言えば、この星は地球人類よりも良い方向に進化していると言えます。さあ、あまり長居はできません、彼らに気づかれないうちに立ち去りましょう。時間がないので交流をしていられないのです」

クレオパが母船を自動操舵に切り替えると、ふたたび母船は宇宙ジャンプをしながら進んでいった。ＳＲＸ星人の舐め合う赤紫の舌が、なぜか私の目に強烈な印象として残った。しばらくしてクレオパが「核戦争によって生物が滅亡したキロSX星を、参考のために見ておきましょう」と、母船をある星の上に停止させた。画面で星を拡大していくと、都市の残骸が少し見えたが、あたりはほとんどが荒涼たる砂漠と化していて、生物の姿は見あたらなかった。星全体がガスのようなもので覆われている。その無気味な静寂に、いいしれぬ悲しさが感じられた。

「この星では核戦争によって、全都市が破壊されました。そして、戦争を起こした種族だけでなく、その他の全生命も滅亡してしまったのです。今は強力な核の放射能によって覆われているので、とても危険で近づけません。もはや生態系はこわれ、生命の住めない、死んだ星になってしまったのです。何千万年、何億年もの時間を経なければ、もとに戻れないでしょう。もとへ戻れないまま、星の終焉《しゅうえん》を迎える可能性もあります。知的生命体であるはずなのに、罪深いことをするものです。下等動物にも劣るような行為で全体を駄目にしてしまう、それが知恵ある者と言えるでしょうか。何のために知恵ある者にまで進化を遂げたのでしょう。知的生命体として進化を遂げたのなら、『その上をめざして』努力しなければ、意味がなくなってしまいます。『その上をめざす』とは、神の存在に近づくように努力し、進化を遂げていくことです。そのために、私達の社会や教育は知識よりも心のありかたを重要視するのです。心のありかたを変えれば、生きかたが変わり、社会のありかたも変わり、自然と犯罪や戦争のない社会が確立されていくのです。地球人類の社会になぜ犯罪や戦争が絶えないのか、考えてみてください。貨幣経済を基本とした、限りない競争社会にしているのが原因なのです。また、子供達が楽しんで学べない学校制度に原因があるのです。これまでの旅で何度も言ってきたことですが、この旅も最後に近づいていますからもう一度繰り返しておきます。

地球人類が今より良い方向に進化を遂げていくためには、『愛の奉仕行動を基本とする社会』を立ち上げ、『弱い者ほど助け、足りないものほど補ってやる社会』を確立し、『誰もが平等に平和に暮らせる社会』を構築しなければなりません。『愛の奉仕行動を基本とする社会』なら、『人に恨まれない、人を恨む必要のない社会』、『真の平和社会』が確立されるのです。そのために、もっと『他人を愛する心』を高めなければならないのです。さあ、長居は無用です。早く立ち去りましょう」

人と植物が融合した生命体が唄う星

クレオパは母船を上昇させ、また自動操舵に切り替えた。画面には宇宙ジャンプで飛んでいく様子が続いた。しばらくすると、「このへんで地球の一部の未来を剛史に見せておきましょう。右の画面を見ていてください」とクレオパが言うので画面を見ると、そこに地球が映った。日本列島がクローズアップされ、さらに楢山、私の家が見えてきた。季節は真夏の暑い盛りのようであった。ひとりの農婦が畑で野菜の手入れをしている。やがて、農婦は仕事を終え、近くの小川へ向かった。よく見るとそれは私の母であった。リアルな映像に、私は思わず「母ちゃん！」と叫んだ。母は小川のあたりで着物を脱ぎ、行水を始めた。それを川の上の木に登って、覗き見しているひとりの男がいた。私は思わず、「母ちゃん、早く着物を着てくれ！　出歯亀がいるぞ！」と叫んでいた。だが、私の声が聞こえるはずもない。母は汗を洗い流しタオルで体をふくと、急いで着物を着た。そして籠に野菜を入れ、家路へ急ぐ足どりになって画面から消えた。その一部始終を見ていた樹上の男は、私のよく知っている人物であった。枝の葉陰からチラッと覗いた顔は、木登り上手の『のろさん』ではないか。『のろさん』は虚《うつ》ろな目をして、一生懸命何かシコシコやっているようだった。そして、「ウォー！」とひと声唸ったかと思うと、次の瞬間、体のバランスを失って頭から先に真っ逆さまに落ちてしまった。下にあった太い枝木にしたたか頭を打ち、「グエッ」とひと声あげると、ロープで宙吊りとなったまま、動かなくなってしまったのである。そこで画面は消えた。

「ああ、どうしたのだろう」

「これは局所未来の映像です。ある人物を通して見る、未来のあるポイントの映像です。これが現実であるかどうかがわかるのは、そのとき、その瞬間まで待たなければならないでしょう。それでこの場面をぜひ、剛史に見せておく必要があったのですよ」

「今、母船は地球に向かって航行中なのですよね。その中にいながら、地球の一部の未来を覗けるのですか。前に一度、宇宙船ごと未来へ行って地球の一部の未来を覗かせてもらいましたが、今回は画面で未来の一部を覗いたのですね。いったい、あなたがたの科学はどうなっているんでしょう。神の科学のようです」

「まさにその通りです。人間は神を目標に置いて、神に限りなく近づくように努力しなければならないのです。そうすることによってのみ、人類に真の平和社会が構築されていくのですよ。私達がひとえに今日《こんにち》の科学に辿り着けたのは、自然を敬い、神を敬い、少しでも神に近づけるように日夜敬虔に努力を積み重ねた結果なのです。心のありかたを重要視する人間を育てるための教育、社会を志してきたことが、『真の平和社会』の構築につながっているのです。『真の平和社会』とは、日常生活において争いや戦争のない、『誰もが平等に平和に暮らせる社会』の確立のことなのですから、地球は、一民族一国家ではなく人類全体が覚醒し、変革を遂げなければならない問題です。民族や国家を超えて一体となり、『平和を探求』しなければならないでしょう。民族や国家にこだわっているうちは、平和などと口にするのさえおこがましい話なのです。ごめんなさい。残り時間が少ないので、剛史の頭脳に印象づけたいと思って、少しきびしい言いかたになってしまいましたね。さあ、時間がありません、先を急ぎましょう。もうひとつだけ、珍しい星を覗きますよ」

母船はふたたびある星の上に停止した。やがてその星の大地が見え、自然の姿が映し出された。とても色彩が濃く、植物や花は大ぶりだった。蝶、蜂、その他の多くの昆虫も体が大きく、色も鮮やかでイキイキと感じられる。生物達が自然を謳歌しているようだ。そこには地球にもいる動物だけでなく、見慣れない動物もたくさんいた。なかでも、翼を持った馬が空中を飛んでいる姿には驚いてしまった。私にはそれらの馬に、英知があるように感じられた。

「その通り、彼らには英知が宿っているのです。おたがいに言葉で意識し合っているのですよ」

画像が山の斜面に移ると、そこには奇妙な姿の生命体がたくさん立ち並んでいた。動物と植物がひとつに融合したのだろうか、植物の幹の上に人間の顔が乗っている状態の生命体である。それもまた神々《こうごう》しい顔をしており、英知があるように感じられた。

クレオパが言った。

「彼らにも英知が宿っています。他の星にはこういう生命体はいませんね」

「言葉を話すのですか。どうやって繁殖しているのでしょうか。立っているようにしか見えませんが」

「彼らはテレパシーで意識し合っています。その使いかたを私達も参考にしたことがあります。この星は造化の神々が戯れたところなのでしょう。他の星には見られない奇妙な生物がたくさんいますよ。繁殖の方法は私達にもよくわからないのですが、植物と動物の中間の働きによる繁殖をおこなうようです」

「でも、あれでは頭部が守れませんね。蚊や蛭《ひる》がたかって血を吸われたり、他の動物に食われたりしないのでしょうか」

「それが不思議に、彼らは何らかの毒性物質を持っているようで、血を吸う生物はたからないようです。よく見ると肩があり、両脇に手というか、枝のようなものがついていて、ときどきそれで顔を払うのですよ」

そんな会話をかわしていると、突然、彼らがいっせいに歌を唄い始めたので、私はびっくりしてしまった。言葉はわからないが、これほどの素晴らしい合唱は聞いたことがなかった。そして不思議なことに、彼らが私の訪問を讃《たた》えて合唱しているのだとわかったのだ。「あなたが訪問してくれたことを、みんなとても喜んでいます」という彼らの意識が私の頭脳に入って来たからであった。

「話しかけてみてください」

「えっ、私が彼らと話ができるのですか」

「そうですよ。彼らの強いテレパシーによって、今は意識が通じているのです」

私は心の中で彼らに話しかけてみた。

「こんにちは、はじめまして。私は地球の剛史です。小さな人間です。先ほどは私を歓迎してくださる合唱をありがとうございます。とても素晴らしい合唱で感動しました」

すぐに返事が頭脳に入ってきた。

「いいえ、それほどでもありません。私達は歌を唄うのが大好きで、歌が仕事にもなっているのです。朝、昼、夕と日に三度の合唱が日課で、その他に私達が必要を感じればいつでも合唱しています」

私は思わず、無礼とも思われる質問をしてしまった。

「あなたがたはそれで幸せなのでしょうか」

それには「動けないで歌ばかり唄っていて」という意味も含まれていた。

「ええ。動くことのできる人達にとっては、私達のように動けない生命体を見て不自由に思い、不幸にも感じるようですが、私達は不自由を感じていないのです。私達は歌を唄うことに何よりも喜びを感じています。歌こそが私達の喜びであり、仕事であり、心の支えです。剛史が私達の姿を見て、ずいぶん奇妙な生物だと感じているのはわかっています。でも、それは偏見というものですよ。先祖から私達の意識に伝えられていることによれば、私達を作ったのは、気の遠くなるほど遠い他の銀河から来た、恐ろしいほど科学の発達した神に近い人間なのです。むしろ神々の子孫と言ってもいいでしょう。その神々の子孫がこの星で戯れ、神々の実験によって私達が創造されたのです。戯れで作られたからでしょうか、この星には他の星では見られないような、気まぐれと言うか、奇妙と言うか、変わった生物がたくさんいるのです。

私達の体の秘密は胴体にあります。根で吸い上げた養分、水分を血液に変換する仕組みが胴体に備わっていて、そこから徐々に植物体から動物体に変換されていきます。老廃物は体の表面や、血液、胴体の変換装置によって、また根管を通して大地へ戻されます。植物体が根から吸い上げた養分を血液に変換する器官組織を私達の体に組み込んだところに、私達を創造した神々の偉大さがあったのだと思います。それは他には類のない、真似のできない発明と言えましょう。『私達がどのように繁殖しているのか』という疑問も、当然ながら抱かれるでしょうね。私達は植物体でもあることから、花が咲き、実もつけます。雌雄の区別はありますが、体は雌にも雄にも自由になれるので、そのときの気候変動や状況に合わせて、自分を自由にコントロールできるシステムが遺伝子に組み込まれているのです。見てください。脇の下のところに、たくさん実をつけているものがあるでしょう。それが雌です。花が咲く時期になれば、私達はいっせいに花から芳香を出して、蜂や蝶を誘います。彼らに手伝ってもらって実をつけるわけです。あとは、それを鳥や動物達に与えながら、子孫を適当なところまで運んでもらいます。他の星の生命体の行動でも、同じような繁殖の方法がありましょう。神々によって創造された以上、その星の自然の法則にしたがって繁殖しているということです。剛史は『それではどうして知恵を授けられたのか』と疑問を持っていますね。それは、『神々が知恵の生る木に育つように、遺伝子に組み入れたのだ』としか、今のところは答えようがないのです。もっと進化した暁には私達も地から這い出し、あなたがたと同じように地上を歩いているかもしれません。ただ、今の私達は歌が大好きで、それが仕事であり、日課であり、そのことで幸福を感じているのです。剛史はもう帰らなければならないときになっていますね。それでは、惜別の歌を唄ってあげましょう」

彼らはまた素晴らしい合唱をしてくれた。「どうもありがとう、さようなら！」と言いながら、私は感動で涙があふれてきた。感動のまま、自分でもなぜかわからないが、「モーアイ！」と叫んで彼らに手を振った。それを見てとったクレオパが、「もうこの星と別れるときが来ました」と告げ、母船を急いで上昇させた。そして、自動操舵に切り替えるとほっとした顔になった。

「これ以上は、道草をしていられません。あとは地球へまっしぐらです」

地球に降り立つ

母船はときどき宇宙ジャンプをしながら、猛スピードで宇宙を航行した。そしてついに、地球が属する太陽系内に到達した。そこからはややスピードを落として進む。途中、土星と木星が目立って見えた。木星は大きく、土星はとても美しく見える。私はクレオパに聞いた。

「土星はなぜ、あのように帽子を被った状態で輝いているのですか」

「あれは、星が出した宇宙のチリとガスが、土星の遠心力と引力にとらえられて輪となり、いっしょに回っているのです。土星の引力が赤道上に強く表れるために、あのような輪が形成されるのでしょう。土星のような輪を持った星は、太陽系の他にもたくさんあるのですよ」

「太陽系に属する惑星で、地球以外にも高等生命（知的生命体）が生存している星があるのでしょうか」

「いいえ。私達のように宇宙船を持つまでに進化、発達した星人が、宇宙の旅で一時的に基地として利用している星はあります。しかし、この太陽系で生命体が自然繁殖し、知的生命体にまで育まれているのは地球以外にはありません。この太陽系においては、地球は生命を育む星として特別な存在なのです。他の太陽系においては、まだ微生物だけの星も含めて、生命が誕生している星はたくさんあります。剛史が私達の星を訪問し、いろんな星の種族を見てきたように、他の太陽系には複数の惑星で知的生命体が繁殖している例もあるのです。この銀河系において生命の存在している惑星はおよそ二千億個、そのような銀河系が宇宙には数え切れないほど存在するわけですから、宇宙が想像を絶する、果てのしれない大きさであるということをうかがい知ることができるでしょう。剛史が神のような科学を持っていると思う私達でさえ、宇宙のほんの一部分を知るのみです。宇宙とはそれほど広く、大きく、深く、厚く、また限りなく繊細で、膨大な存在です。私達が神の子として誕生し、たくましく生きているように、宇宙は生命を育み、たくましく活動しているのです。そして、あらゆる生命に意識があるごとく、宇宙は巨大な意識をそなえて活発に活動しているのです。星には星の意識があり、太陽系には太陽系の、銀河系には銀河系の、その上の銀河団には銀河団の意識があり、さらに上のマクロな宇宙が存在しています。果てのないように思えますが、そこにはれっきとした宇宙意識が存在しており、それは神の意識とも言えるものです。その連綿とした神の意識が連なって、私達が存在しているのです。だからこそ、私達人間は争いや戦争のない『誰もが平等に平和に暮らせる社会』を目指さなければならないのですよ。

話し込んでいるうちに地球に近づいてきましたね。今は音速の何十倍かまでスピードを落としています。まもなく、地球の上にたどり着くでしょう」

画面の宇宙マップには、宇宙船がどんどん地球へ近づいていく様子が映っていた。やがて、宇宙船は止まった。

「宇宙船は地球の真上に来て、大気圏のはるか上空に滞空しています。小型宇宙船に乗り替えて地球まで行きましょう。さあ、急がなければ。自走機に乗って行きましょう」

私はクレオパ、リリー、ローズ、スターツ、宇宙太子とともに自走機に乗った。母船の艦内を走り、小型宇宙船がたくさん止まっている駐機場へと急いだ。クレオパが「この小型宇宙船に乗ってもらいます」と言い、腰のバンドのバックルのようなものを指でさわった。すると、小型宇宙船の扉が音もなくスーッと開いた。操縦席には宇宙太子が着き、両脇の助手席にクレオパと私が乗った。リリー、ローズ、スターツも同乗すると、小型宇宙船は母船のステーションから発射口へ向かい、卵でも産み出すように、ポーン！　ビュー！　と表に吐き出された。「本来なら私は母船に残るのですが、今日は特別に剛史の見送りのために乗ることにしました」と笑いながらクレオパが言った。

小型宇宙船は猛スピードで地球へ近づいていく。やがて、地球が青く見え、雲の様子が確認でき、陸と海がはっきりしてくると、龍の落し子のような陸地が見えてきた。私は興奮して「やぁー、あれは日本じゃないか！　やっと日本に帰れるんだ。日本は美しい地形をしているんだなぁ、素晴らしい国だよ！」と叫び、思わず涙ぐんでしまった。やがて画面は陸地でいっぱいになり、夕暮れの岩手山と盛岡の街が見えた。少し進むと、小井田川に沿った細長い農村の村落の風景になった。忘れようにも忘れられない、活気のない、何の変哲もない、静かなだけの我が故郷、楢山だ。宇宙太子が言った。

「もう少しで着陸しますが、前とは別なところに着陸します。野馬頭《のばかしら》は家から遠いから、もっと近くに降ろしてあげましょう。さあ、みんなとお別れの挨拶をすませてください」

私はそう言われて、ああそうか、もう別れの時間なのかと、時間のたつことの早さをあらためて実感させられた。そして、「みなさん本当にありがとうございました。誰も体験できないような宇宙旅行をさせてもらい、感謝しています」と言いながら、クレオパ、宇宙太子、リリー、ローズ、スターッと握手を交わした。「どうもありがとう。さようなら」と心を込めて最後の別れをした。すると、急に眠気に襲われ、ソファーに倒れ込んでしまった。そして、不思議な夢を見た。私が美しい籠に乗り、籠にはたくさんの宝物を積んで、天女達に見送られながら、天牛に引かれて地上に下り立つ夢であった。

ふと、顔に冷たいものを感じて目を開けた。宇宙船がだんだん高く離れていくのが見えた。私はいつの間にか、向かいの畑の山道の草むらに降ろされて、寝ていたのである。突然、私の頭の中にやさしいクレオパの声が入ってきた。

「剛史、よく私達と最後までつき合ってくれました。剛史が体験したことを地球人類のために役立ててください。私達は必ず剛史を応援します。また剛史が望むなら、私達と会う機会はあるでしょう。さようなら。どこまでも強く生きてください。困ったときには私達を呼んでください。何か力を与えましょう。さあ、早く起きて、家族のもとへ帰ってください。家族が捜していますよ。早く行きなさい」

起き上がると、いつの間にか、私は作業服に豆絞りの手拭いでほっかぶりをし、戦闘帽をかぶり、三ッ馬のゴム長を履いていた。脇には籠、坪器《つぼけ》、鎌が置いてあり、籠の中を覗いてみれば、ちゃんと野馬頭の山で採った栗、野木瓜《あけび》、山葡萄《やまぶどう》がそのまま入っている。それを確認したときは、ほっとしながらなんともいえない不思議な気持ちだった。まるで夢のようだ。しかし夢ではないのだ。それを物語る証拠が今、私がいる場所なのである。野馬頭の山へ出かけ、弁当を食べたあと、昼寝をしている最中《さなか》に宇宙船に乗せられて宇宙旅行に出かけたはずだ。しかし、現在私がいるところは野馬頭の山とはまったく正反対の場所であった。家の向かいの畑の山道の草むらで、二里（約八キロメートル）以上も離れた場所だ。宇宙旅行は現実の体験だったのだと確信した。「さあ、帰るべェ」とひとり言を言って、坪器を腰にさげて籠を背負い、右手に鎌を持って歩きかけたときである。上の方から「オーイ！　オーイ！」と叫ぶ声が聞こえた。それは『のろさん』であった。

「やっぱりそうだ、剛史じゃないか！　今までどこへ行っていたんだ。お前ば、昨日から村中総出で捜していたんだぞ。こんな近くにいたのかや、よかったよかった、家族が心配している、さあ、早く帰ろう！」

私は『のろさん』と歩き、二十分くらいで家へ着いた。夕方のわが家では母が家事をしながら、村人達の情報を待っていた。そこへ私がひょっこり帰ってきたので、びっくりするやら嬉しいやらで、母はしばらくきょとんとしていた。そして、我に返ると「よく帰ってきたね」と言うより早く、「剛史！　お前、今までどこへ行っていたんだ。家族がみんな心配するじゃないか、この馬鹿が」と言って私の頭を軽くたたいた。それから私は母の作った夕食を夢中で食べた。母は目を細めながら、おかわりを勧めてくれた。心配していた弟、妹達も集まってきた。私を捜しに出かけていた爺様、婆様も山から帰ってきた。「やッ、剛史がいつの間にか帰っていたのか！　馬鹿たれがこの！　みんなに心配かけあがって」と、お灸をすえられたので、私は神妙に「うん、わかったよ、今度から気をつけるよ」と、謝ったのだった。

その間は三連休であったので、私は学校を休まずにすんだ。寝床に入ると、野馬頭の山での遭遇からはじまった宇宙旅行についてゆっくり思い出し、自分はたいへんな体験をしたのだという実感が湧いてきた。そして、大きく溜息が出た。その後、体験は秘密にしたまま、学校生活は平々凡々と過ぎていった。

予告された未来は実現した！

高校三年の夏休みを迎えた。それは天気のいい、暑い日だった。私が二階の窓から何気なく向かいの山を見たのだが、一本の木の周辺だけ、いつもと様子が違うのに気がついた。木の途中に熊のようなものがおり、同じ場所から動かないのである。それをカラス達が遠巻きに見て、騒いでいるのであった。私は異変を感じて急いで走っていき、木の下まで行ってみた。それは熊ではなく、ロープで宙吊りになった人間だった。腰にロープを巻いた状態で木にひっかかり、腰から宙吊りになっている。私は急いで村の小学校へ駆け込み、当直の先生から一戸警察署につないでもらった。やがて、一台の車が到着し、警察官と医師が降りてきた。警察官が現場写真を撮り、村の消防団によって人間が静かに下ろされた。タンカの上に乗せて仰向けにされた人間は、変わり果てた『のろさん』であった。私は宇宙船の中で見せられた、『地球の中のあるひとコマの未来』が、まさに今実現したことを知らされたのであった。「何事も事は起こるべくして起き、成るべくして成っているのだ。その宇宙の意味は」と、かつてプレアデス星人に聞いた言葉を、自分に言い聞かせるようにつぶやいた。なぜか涙がぽつりともれた。

その日の夕方、母に確認してみた。

「母ちゃんは昨日、小川で行水しただろう」

「剛史、お前見ていたのかい、悪い奴だね。母ちゃんはね、あまり暑い日には仕事を終ったあと、小川で少し汗を流すのさ。気持ちがいいよ、お前はどこで見ていたのさ」

「うん、俺はずっとずっと遠いところから見ていたのさ。顔はわからなかったけど、何となく母ちゃんじゃないかなと思ってね。そうか、やっぱり母ちゃんだったのか」

やはり、宇宙船での未来のひとコマ、そして宇宙での体験は現実だったのだ。私が「母ちゃん、ありがとう」とつぶやくと、母が言った。

「剛史、お前がどういう人間になりたいと思っているのか知らないが、人様に迷惑をかけるような人間にだけはならないようにしておくれ。何でもいいから、世の中の役に立つ人間になっておくれ。別に格別偉くならなくてもいいし、金持ちにならなくてもいいが、人に好かれるような人間になっておくれ。自分のことばかり考える人間にだけはならないように。人間というのは、まわりの人を助けることで自分も助けられるものなんだよ。まわりをよくしていくことが、自分もよくなっていくことなのだよ。社会をよくしていくためには、ひとりひとりが人助けの愛の精神を高めて、それを自分のできる範囲で実行していくことなのだよ。だから、人間は人に勝つことばかり考えちゃいけないのさ。世の中の競争に負けても、人に対する愛情だけは誰にも負けないように持ち続けることが大切だよ。この世の中は名誉とか、地位とか、どれだけ金持ちかなんてことで人を判断しがちだけど、人に対して愛情溢れる人間はそれに勝るものだよ。それさえあれば、人間はその光に集まってくるものさ」

「だけどさ、人間、愛だけでは生きていかれないもんなあ。この世の中は金で動いているからなあ、やっぱり金持ちになりたいよ。金があればどうにでもなるからなあ」

「お金はあるに越したことはないが、お金は必要な分だけあればいいものだよ。ありすぎても禍になったりするものさ。金は魔物でもあるの。人生を狂わせたりもする。人を狂わせ、社会を狂わせているのも、みんなこのお金だからね。だから人間、物欲に勝る愛情を持つことが大切だよ。いいかい、何かで人に負けても、人に対する愛情だけは誰にも負けないように持ち続けることが、剛史がこれから社会で生きていく上で、とても大切なことなのだよ。剛史に溢れる愛情があれば、その愛情が剛史自身を助けてくれるのさ。そのことを肝に銘じて、愛情溢れる人間になっておくれ。くれぐれも、自分さえよければいいというような利己的な人間にならないでおくれ。母ちゃんの教育はこれでおしまい」

「母ちゃんよくわかったよ。俺にできるかどうかわからないけど、そのように努力して生きるよ」

私には母の言葉が、今生の最後の教えのように聞こえた。やがて、私は担任の勧めと家族の理解に助けられ、某大学を受験し、合格した。入学を決めた私は家族や友人達に見送られ、東京での人生修業をはじめることになった。その後、社会人となってからは仕事に専念し、故郷での出来事はすっかり忘れてしまった。やがて定年を迎え、感謝の日々を送っていたある日、突然、宇宙太子からのコンタクトがあり、『宇宙の法』を授けられたのである。それは前著『北の大地に宇宙太子が降りてきた』（たま出版）で発表した。

それから数年後、母方の叔父が亡くなった。その法事に出席したとき、脇で従兄弟が話すのを聞いていると、ある町の『さくらんぼ娘』の話が出てきた。従兄弟の娘が『さくらんぼ娘』に選ばれ、町のいろんなイベントで活躍しているのだという。それを聞いたとたん、過去の記憶が、地球のあるひとコマの未来が、まざまざと甦ってきた。工業都市ミールにおいて、エナールから見せられた未来のひとコマが実現したのかもしれなかった。私はそれを確認するため、後日、某町から『さくらんぼ娘』のポスターを取り寄せた。そこにはプレアデスで見せられた通りの描写がそのまま写っていた。五人の『さくらんぼ娘』の中には、たしかに従兄弟の娘も入っていた。私は思わず「アッ！」と声をあげた。

「これだ、まさにこれだ！　俺はプレアデスでこの場面を見たのだ。間違いない。信じられないような、本当の出来事だ！　こんなことってあるだろうか」

自分で自分に言い聞かせるように叫んでいた。五十年前に見たことが、地球で実現したのだ。やはり、プレアデスの科学も、自分の体験も現実だったのだ。あらためて、過去や未来へ自由に行け、画面だけでそれを見られるプレアデスの科学技術の素晴らしさを思い知らされたのであった。

宇宙太子からの最後のメッセージ

そんなある日のことである。私はお盆で実家へ帰ったときに、八幡宮の前を通りかかった。そこに、一匹の銀狐が参道を登って行くのが見えた。

「これは珍しい。今でもこの森に狐が住んでいるんだな。どれ、跡をつけてみよう」

少し間をおいて登っていくと、なんと狐は神社の前に座って私を待っていたようだった。私が驚いて「お前はここの主かい？」と問いかけてみると、狐は私に一回おじぎをしてひと声大きく、「ケーン」と鳴き、走って薮の中へと消えた。狐がいた場所へ行ってみると、そこには宇宙色をした不思議な紙切れが落ちていた。印刷された文字には『宇宙は生きた、ひとつの生命体である』と書かれていた。その瞬間、これは宇宙太子《エンバー》が知らせてくれたのだと感じた。そこで私は「宇宙太子、ありがとう」と心で呼びかけ、紙切れを拾いあげてポケットにしまった。

八幡宮の杜《もり》は夏でも涼しく感じられる。階段に腰掛け、しばらく野鳥と蝉の声に聞き入った。私は子供の頃から自然が大好きだった。自分が納得するまで自然に語りかけ、答えが返って来るまでじっと耳を傾けるのが常である。そうしているうちに、いつしか我を忘れ、自然の中へ溶け込んでいくのだ。このときも、何も考えずに自分を自然に溶け込ませると、思考が止まったように感じられた。その瞬間、私の脳に突然、言葉が入ってきた。

「剛史、しばらくぶりですね。元気そうですね。私ですよ、覚えていますか？　声に聞き覚えがあるでしょう。剛史もいい年齢になりましたね。でも、剛史の脳はまだまだ若々しいですよ」

私は「あっ」と驚いて、まわりをキョロキョロしながら聞いた。

「宇宙太子ですね。お元気ですか、今どこからですか？　しばらく連絡がなかったから、忘れておりました！」

「うん、よく思い出してくれましたね、剛史。上ですよ、上。上を見てごらんなさい。

ぽっかり浮いた雲の上、今、少し見えるようにしますからね」

言われるまま上を見ると、空にぽっかり浮いた雲があり、雲の脇から半透明の宇宙船がかすかに見えた。それは、よほど気をつけないと見落とすほどのものであった。

「どうしてそんなに気を遣っているんです？　何か、怖いことでもあるのですか？はっきり姿を現してはいけないのですか」

「ええ。我々もいたずらに地球人を刺激しないようにしているのです。最近の地球人は我々を見ると、必要以上に騒ぎ立てますからね。それに、だんだん地球人の科学も発達して、最近では戦争をするための道具（破壊兵器）を各国が競争で作っています。そのなかにはレーザー砲などかなり強力な武器もあって、我々にとっても危険極まりないものもあるのです。ですから、我々は必要のない限り、できるだけ姿を見せないように方針を変えました。こちらで必要のある人にだけ、我々の姿を見せているのです。そのひとりが剛史です。

我々は戦争好きな地球人をどのようにしたら脱皮させられるか、長い間観察しながら、いろいろと模索してきました。前にもお話ししましたが、原因を探っていくと、地球人が貨幣制度を導入し、そのもとで社会のあらゆるものを競争制にしていることが根本であるとわかりました。競争が生み出す格差、差別、拝金主義の社会においては、表面上は平等を謳《うた》っても、そこに『真の平等社会』が生まれるはずもありません。人間は激しい物欲の塊となり、エゴの社会を形成し、争いは絶えず、それが高じて国家間の戦争となり、やがて世界戦争となっていくのです。聖戦という言葉で自分が行う戦争を正当化したところで、戦争には良い戦争も悪い戦争もなく、もともとやってはいけないものです。地球人類が真に平和な社会を確立したいのであれば、争いや戦争のもとになっているものが何であるか、人間を必要以上に物欲や争いに駆り立てているものは何であるかを糺《ただ》していかなければなりません。そのとき必ず突き当たるのが、貨幣経済のありかたでしょう。地球人類が貨幣経済から脱却しない限り、争いや戦争から抜け出せません。今の地球人類は、あまりにも物質欲にとらわれすぎていま す。長い間、貨幣経済のもとで競争社会にさらされてきた結果だと思いますが、物は必要な分だけあればいいのです。必要以上にとってはならないのです。人間社会に害を及ぼすような独占欲は、社会から排除していかなくてはなりません剛史は我々の社会を見ていますから、知っていますね。我々の社会では誰も物を必要以上に取る人はいませんし、むしろ、人に譲ろうという心掛けのほうが強いのです。人に与えることを喜びとする社会、相手の喜びを見て自分も喜びを感じる、そういう社会になってこそ、争いのない社会が誕生するのです。

『愛の奉仕行動を基本とする社会』を構築することです。『思いやり』、『助け合い』、『協力』、『譲り合い』を人々の心に自然に根づかせる環境づくりが必要です。教育のありかたも大いに関係するでしょう。知識を得るのも大切ですが、それ以上にもっと大切なのは、人間の『心のありかた』なのです。そのような社会を形成できるかどうかによって、地球人類の未来は大きく変わっていくでしょう。

もし、地球人類がこの宇宙で、我々のように科学を発達させたいという意欲があるなら、社会のありかたを根本から変えなければなりません。まず、地球人類には、新しいエネルギーの発明と発見によるエネルギー革命が必要であり、宇宙エネルギー、自然エネルギーを一〇〇％利用していく波動科学の革命が必要でしょう。真の宇宙開発、宇宙科学は、下から押し上げる力学に頼っていてはダメです。宇宙が持っている力をすべて利用してこそ、宇宙を自由に航行できる科学にまで発展でき、はじめて「宇宙科学を得た」と言えるのです。

　地球人類の将来を左右するのは、地球人類自身の目覚めにかかっています。地球人自身が目覚めを得て、生き残りをかけて宇宙人にまで発達し、変身を遂げられるかどうかです。

　そしてそれは、『あなた自身の目覚め』が成功したとき、初めてこの地球上に『真の平和』が訪れ、地球人が宇宙人としての目覚めを得、科学が飛躍的な発展を遂げ、宇宙人の仲間入りを果たせるでしょう。

　我々は、剛史がある時期が来たら過去を思い出し、地球人類の指針となるような聖書を書き出すように、脳をセットしておきました。我々は剛史がいい聖書を書き上げるように期待しながら、はるか彼方から見守っています。さようなら、剛史」

　宇宙太子の言葉が終った。そして半透明に見えていた宇宙船はスーッと消えていった。私は「宇宙太子ありがとう！」と叫び、「さようなら、また会えるかい？」と言って、ひとり涙ぐんだ。目を瞑《つむ》り、じっと耳を澄ましていると、子供の頃が思い出されてきて、八幡宮の縁日の祭囃子の笛、太鼓、鉦《かね》の音が遠くから聞こえてくるようだった。

突然、けたたましい懸巣《かけす》の鳴き声がしたかと思うと、羽ばたきとともに自然のシンフォニーが破られた。私は夢からさめた。そして、それが合図のように森の鳥達がうるさく騒ぎはじめた。遠くでは二羽の鳶《とび》が輪を描きながら、車輪のように舞っていた。故郷の自然に触れ、昔と変わらぬその営みに私の心は癒された。「さあ、行くか」と自分に声をかけ、家へと向かった。歩きながら、「俺はひとりではなかったんだ、俺をいつも見護ってくれているものがあったんだ」と思えて、急に胸が熱くなった。そしてほのかに生きる希望が湧いてきた。

それからふたたび年月が過ぎ、もろもろの出来事は記憶の底に埋もれたまま私は老境を迎えた。少ない退職金と年金で、ささやかな幸せに満足し、平々凡々と生活を送っていたある日、ふいに、私の中に宇宙太子が降り、今まで忘れていた過去の体験が次々に思い出されてきたのであった。

それをひたすら書き記《しる》したのが本書である。

おわりに

最近の地球人類の行動を見ると、人類の将来に寒々としたものを感じる。人口、食糧、環境、資源、ゴミ、社会構造、教育、貨幣経済、競争社会、大量破壊兵器による戦争、自然破壊、工業生産による環境汚染と環境破壊、温暖化、飲料水、エネルギー、人間の飽くなき独占欲。それらは、人間が地球と宇宙を汚染し、破壊していく大問題ばかりであり、どれを取ってみても人類が滅亡に向かっていく兆候に思える。早急に改善し、クリアーできなければ、人類は確実に滅亡するだろう。かつてプレアデス星人に言われたように、今や地球にとって人間は、質《たち》の悪い病原菌、あるいは最悪の害虫だ。

貨幣経済の世の中にあっては、誰しもが金を欲しがる。それは、金がなければたちまち生活が困窮し、生きていけないからである。それがため、人間はよりよい生活を求め、金のために働いている。国や政治家や役人達は、自分達がいかにムダ使いしてきたかを省みようとせず、「国家予算が足りない」と言っては税を上げ、あるいは新税を考え、国民から搾り取ろうとする。「よくこんなことまで思いつくものだ」とあきれるほど、水も漏らさない法の仕組みである。国家予算は何がムダで、何が有効的でなかったかを徹底的に調査し、洗い直せば、税金を上げる必要も新税を導入する必要もないのだ。その顕著な例が『後期高齢者医療保険制度』の『年金からの天引きの法律化』であろう。

どの予算であれ、歳入に見合った予算を立てるべきだ。これまで国や政治家や役人達は、歳入の足りない分には国債を発行して帳尻を合わせるというような、自分達がやりやすい予算の立てかたをしてきた。長年にわたるこのような政治家と役人の結託、馴れ合いの結果、国債の発行高は積もり積もって、ついに国家予算の十倍を超える額になってしまった。今や、国債の利払いはたいへんな額になって毎年のしかかり、利払いのために赤字国債を毎年発行している。赤字国債も雪だるま方式に巨大な額となり、ついには元金の返済が不可能になるという事態に陥った。その地点は『ポイント・オブ・ノーリターン』と呼ばれるが、日本はすでにその越えてはならない一線を越えてしまったのだ。今や世界一の借金国、日本国債の信用度は先進国でも下位にランクされ、発展途上国と肩を並べている。

ところが、国が破綻寸前のときに、次期政権を目論《もくろ》む百鬼夜行の政治家達は、自分に有利となる政策や、自分の故郷《くに》や町をよくすることばかりに走り回っている。そこには、ムダをなくし、予算の使いかたを改め、社会のありかたを変え、国を建て直そうという清潔さと気骨が微塵も感じられない。個人や会社なら、もうとっくに破綻しているはずのこの国において、「発展途上国への国際援助を大いにやるべし」と、大盤振る舞いをのたまう政治家や国際通の御仁が多いのには、驚きを禁じ得ない。貧困国や発展途上国の援助はいいことであると誰しもわかっている。しかし、そういうことは、まず国内の問題をきっちり解決した上でやるべきではないか。国内には働きたくても職を得られず、困っている人はたくさんいる。若者は職を得るために派遣会社に登録するが、昇進や昇給の希望を持てず、結婚もできず、かといって辞めるに辞められず、将来に不安を抱え悩み抜いている。それを象徴したのが、『秋葉原の事件』でもあろう。貧困、個人的破産や会社の倒産、経済的事情が原因で起こる事件や犯罪などの国情にありながら、その現実社会から目をそむけ、改めようとしないのはおかしい。

くさるほど金を持ち、働く必要のない人間。いい職にありつき、社会不安を感じない人間。自分の政治的立場を有利にすることだけをつねに考えている人間。それらが、現代の貨幣経済の社会にあって成功者と言われ、貨幣経済を遺憾なく貪っている人間だ。援助を口にするが、腹の底では平等を嫌い、差別社会をこよなく愛しているのだ。そういう人間達が一時しのぎの援助を口にしたところで、真の社会改革は成らないであろう。真の社会改革とは、差別社会をなくし、『誰もが平等に平和に暮らせる社会』を確立することなのである。

今こそ、プレアデスの社会のように、『物がすべての人間に平等に行き渡る世の中』にしなければならない。『必要な人が、必要な物を、必要なときに、必要な分だけ受けられる社会』だ。貨幣経済に変わる新しい物流のシステムを立ち上げ、今までとはまったく違う、新しい社会体系を確立する必要がある。上記のような輩にはもう社会改革をまかせてはおけない。それにはまず、社会改革の妨げとなっている差別社会がどうして起きているのかを、よく考えてみなければならない。人間は長い時間をかけ、進化とともに貨幣経済に到達した。これほど便利なものはないと思われる貨幣を発明し、物流に利用し、社会に定着させ、社会のありかたを進化させ、発展してきた。そして貨幣制度のもとで競争社会をつくり上げ、激しい競争から争いを繰り返した。貨幣制度は人間社会にとって便利なものと思われがちだが、実はこれほど厄介なものもない。「誰もが何度でも挑戦できる、法のもとでの公平な競争」などと、もっともらしい理屈が語られるが、競争のあるところに真の公平は存在しない。強者が勝ち、弱者は脱落するという方程式があるのみだ。腕力の強い者、頭のいい者、技能技術に優れる者、学芸に優れる者、肉体的に優れる者、芸術に優れる者、容姿が優れる者、強運の者、それらを総称して強い者と表現される世の中である。

しかし、大多数の人間は厳しい生活環境にあって、生きるため、生活のために貨幣経済と税の徴収にふりまわされながら、あくせくと暮らしているのが実情である。競争に破れた者はいい職につけず、夢も希望も持てず、落ちこぼれて結婚もできず、家庭内暴力や犯罪へとつながっていくケースも多い。それらは社会の歪《ひずみ》の典型的な表れだ。

真の平等を得るには、強い者も弱い者も分け隔てなく『物がすべての人間に平等に行き渡る世の中』が実現しなければならず、そのためにも『貨幣制度を廃止』する必要がある。この提案には、あらゆる分野の人間から反対の狼煙《のろし》が上がるだろう。大成功を収め、安楽を貪っている金持ち、資本家、事業家、政治家、学者、とりわけ経済学者など、地位と貨幣の恩恵を被《こうむ》っている者達だ。彼らは言うであろう。「人間は神から知恵を授けられて、この地球上で動物界の頂点、生命の頂点に立っている。自然は生命に捕食の連鎖をとらせ、成長と進化をうながし、発展させてきたのだから、自然は適者生存の中で生命を育んでいる。したがって、人間も強者だけが勝ち残っていくのはしかたがない。環境に適応した者だけが生きていく権利があり、それがすべての生命に与えられた自然の姿である。貨幣経済の中での競争はなんら悪いことではなく、むしろひとりひとりに奮起をうながすものとしていいことではないか」というように。

では、競争に敗れ、落ちこぼれた人間は、淘汰された者として、生きる権利がないのか。否、否である。私は貨幣経済の社会の中で、ここが人間社会をもっともだめにしている部分だと思うのだ。

『貨幣制度廃止』に反対の輩は、こんなことを言うかもしれない。「人間は進化の過程として貨幣を発明し、貨幣経済の社会にたどり着き現在に到っている。進化に逆らえるものではなかろう」と。だが、貨幣経済が人間にどれほどの争いと害をもたらしてきたか。あらゆる物が必要以上に生産、製造されているために、ある場所では物がムダになり、またある場所では物資不足を生み出している。その結果、大量の餓死者が出る一方で食物が余り、価格を統制するために廃棄処分を行うという矛盾が生まれている。環境破壊も深刻だ。人間の欲望を満たすためにさまざまな工場が作られ、煤煙や廃液で川や海が汚染され、生物達を蝕《むしば》み、それらを人間が食して病気になるという現象が起きている。CO2による温暖化が加速し、世界中の永久凍土が氷解し続け、海水面上昇の危機も招いている。また、自然のサイクルを狂わせ、世界中で大旱魃《かんばつ》を引き起こし、水不足で作物や植物は育たず、大地は砂漠化が進み、深刻な状態になっている。水不足の起きない地域ではサイクロンが荒れ狂い、必要以上に雨を降らせ、大洪水を引き起こして被害をもたらしている。

貨幣経済が人間にもたらす害悪の究極は、人間に限りない欲望、とりわけ物質欲と独占欲をかき立たせ、盲目にしてしまう恐ろしさにある。「地獄の沙汰も金しだい」と言われるように、人間は簡単に金に左右される動物に成り下がってしまった。「環境と賃金のいい会社で働きたい」と誰しもが望むが、そこには地獄のような競争が待っており、友人さえも蹴落として進まねばならない。そうしなければいい役職にもつけないし、いい結婚生活にも行き着けないのだ。そのシステムから脱落した者の中には、親や友人、社会全体を恨み、無差別に当たり散らす事件を引き起こす者が出てきているし、このままではもっと増えるだろう。企業や団体でも財政再建、会社再建のために中途退職者を募り、リストラを図っているが、リストラされた人達の再就職については誰も責任を持ってくれないのだ。

貨幣経済には税がつきものである。政治家と役人は法にあぐらをかき、税の名目を変えては国民から金をまき上げようと考えている。国債の発行残高は九百兆円にせまろうとしており、地方債を合わせると千兆をはるかに超える額だ。日本国は今や破綻寸前なのだと、国民は勇気を持って知るべきだ。これは、はからずとも『貨幣経済の行きづまりは破綻となる』ことの証明である。年金の支給額がどんどん下がる、反対に負担額は上がる、税は高くなる、物価高がどんどん進んで家計に重くのしかかる、個人も中小企業も倒産者があとを絶たない状況……ここに貨幣経済社会に対する答えが、はっきりと出ているのだ。

たとえ貨幣経済が人間の進化の過程だとしても、長い時間をかけて貴重な体験をしたと割り切り、きっぱりと決別し、まったく新しいスタイルの社会に移行する時期に来たのだ。

それはもはや貨幣を必要としない、もっともシンプルな社会になるだろう。

著者紹介

上平 剛史（かみたい つよし）

昭和16年12月5日に、岩手県の浪打村（昭和32年合併により一戸町）という寒村に生まれる。地元の小・中・高を経て日本大学農獣医学部、法学部と進み、卒業後、北の大地三沢市に縁があり、地方公務員となり、32年間勤務し、平成12年に三沢市役所を退職する。著書に『北の大地に宇宙太子が降りてきた』がある。

プレアデス星訪問記

2009年3月25日　初版第1刷発行
2017年3月10日　初版第6刷発行

著　者　上平 剛史
発行者　韮澤 潤一郎
発行所　株式会社 たま出版
〒160-0004　東京都新宿区四谷4-28-20
☎03-5369-3051（代表）
http://tamabook.com
振替　00130-5-94804
印刷所　株式会社 エーヴィスシステムズ

ISBN978-4-8127-0266-6　C0011